芝诺 | *Zeno of Elea*

阿基米德 │ *Archimedes*

牛顿 | *Isaac Newton*

拉格朗日 | *Joseph–Louis Lagrange*

闪耀人类的数学家

Men of Mathematics

（第2版）

①

［美］E.T. 贝尔————著

罗长利————编译

贵州出版集团

贵州人民出版社

新流出品

目录

1
阿基米德
Archimedes

给我一个支点，我就能撬动地球。

——阿基米德

$F=G=\rho gV$

在全书正式开始之前，先让我们了解一下为数学黄金时代铺平道路的三个古希腊人，他们分别是芝诺、欧多克斯和阿基米德。

芝诺和欧多克斯分别开创了数学两大学派，它们分别是数学分析、无穷和连续的理论。阿基米德不但是古代最伟大的智者，同时是彻底的现代派，他和牛顿完全可以相互理解。如果阿基米德能与爱因斯坦、玻尔或者海森伯处于一个时代，那么他可能会比他们对数学和物理有更深刻的理解。因为在所有古人中，只有阿基米德习惯于自由思考。正因如此，阿基米德与高斯、牛顿并称世界上最伟大的三个数学家，他还享有"力学之父"的美称。

关于芝诺和欧多克斯的生平的文字记载较少，所以我们将重点介绍他们在数学上的突出贡献。

公元前 490 年，芝诺出生于意大利半岛南部的埃利亚城，是数学家巴门尼德的朋友。他提出了 4 个简单的悖论。

第一，两分法悖论。假设一个人从 A 点走到 B 点，要先走完路程的 $\frac{1}{2}$，再走完剩下总路程的 $\frac{1}{2}$，再走完剩下的 $\frac{1}{2}$……如此循环下去，永远不能到终点。假设此人速度不变，走一段的时间每次除以 2，时间为实际需要时间的 $\frac{1}{2} + \frac{1}{4} + \frac{1}{8} + \cdots$，则时间限制在实际需要时间以内，即此人与目的地的距离可以为任意小，却到不了。实际上是这个悖论本身限定了时间，当然到达不了。

第二，阿基里斯追龟悖论。阿基里斯亦译作阿喀琉斯，他是古希腊神话中善跑的英雄。在他和乌龟的竞赛中，他的速度为乌龟的 10 倍，乌龟在前面 100 米跑，他在后面追，但他不可能追上乌龟。因为在竞赛中，追者首先必须到达被追者的出发点，当阿喀琉斯追到 100 米时，乌龟已经又向前爬了 10 米，于是，一个新的起点产生了；阿喀琉斯必须继续追，而当他追到乌龟爬的这 10 米时，乌龟又已经向前爬了 1 米，阿喀琉斯只能再追向那个 1 米……就这样，乌龟会制造出无穷个起点，它总能在起点与阿喀琉斯之间制造出一段距离，不管这段距离有多小，只要乌龟不停地奋力向前爬，阿喀琉斯就永远也追不上乌龟！乌龟——动得最慢的物体，不会被动得最快的物体追上。追赶者首先应该到达被追者的出发点，此时被追者已经往前走了一段距离，因此被追者总是在追赶者前面。

第三，飞矢悖论。设想一支飞行的箭，在每一时刻，它位于空间中的一个特定位置。由于时刻无持续时间，箭在每个时刻都没有时间而只能是静止的。鉴于整个运动期间只包含时刻，而每个时刻又只有静止的箭，所以芝诺断定，飞行的箭总是静止的，它不可能在运动。

第四，运动场悖论。首先假设在操场上，有观众席 A，以及

队列 B、C。

■■■■ 观众席 A

▲▲▲▲ 队列 B

▼▼▼▼ 队列 C

在一瞬间（一个最小时间单位），相对于观众席 A，队列 B 和 C 分别向右和左移动了一个距离单位。

■■■■观众席 A

　▲▲▲▲队列 B

▼▼▼▼队列 C

而此时，对 B 而言，C 移动了两个距离单位。也就是说，队列既可以在一个最小时间单位里移动一个距离单位，也可以在半个最小时间单位里移动一个距离单位，这就产生了半个最小时间单位等于一个最小时间单位的矛盾，因此队列是移动不了的。

芝诺的 4 个悖论是人们早期探索无穷和连续时遇到的困难。如今，这些悖论都被康托尔创立的"实在的无穷理论"一劳永逸地解决了。

欧多克斯于公元前 408 年出生在克尼多斯，他在年轻时从塔兰托移居雅典，师从当时第一流的数学家、行政官员、军人阿基塔斯。在雅典，欧多克斯结识了柏拉图。虽然柏拉图不是数学

家，但他的哲学思想影响到了一批数学家，因此，人们称他为
"数学家的创造者"。欧多克斯无疑也倾慕柏拉图的才学，喜欢
听柏拉图讲课。可是他太穷了，无法住在柏拉图的学园附近。于
是，他就住在离雅典比较近的比雷埃夫斯，每天往返跋涉 10 英
里去听柏拉图讲课。柏拉图也看出了欧多克斯的才能，并成了他
忠实的朋友，据说两人曾一起去埃及旅行。然而，两人在行星运
行轨道的问题上发生了分歧，柏拉图中断了与欧多克斯的友情。
欧多克斯便移居基齐库斯，在那里定居、教学，度过了余生。除
了数学，欧多克斯还研究医学，开业行医，担任议员，并认真研
究天文学。与此同时，欧多克斯开创了无理数现代理论。

芝诺和欧多克斯之后便是阿基米德，他早年曾在当时古希腊的学术中心亚历山大城跟随欧几里得的门徒学习，因此阿基米德也算是亚历山大学派的成员，他的许多学术成果就是通过和亚历山大派学者通信往来保存下来的。后人对阿基米德给予了极高的评价，普林尼甚至称阿基米德为"数学之神"。

下面，让我们一起走进阿基米德的数学世界。

赎救柯农

碧波荡漾的地中海，诞生了璀璨夺目的古希腊文明，其中有一颗美丽的珍珠，那就是西西里岛上的城邦叙拉古。

公元前 287 年，西方古代最伟大的数学家和物理学家阿基米德，就出生在叙拉古的一个贵族家庭。他的父亲菲狄阿斯是位天文学家，和叙拉古国王希伦二世有些亲戚关系。因此，阿基米德从小就接受了良好的贵族教育，并与王子成为至交。

也许是受父亲影响，阿基米德对《荷马史诗》《伊索寓言》等社会伦理著作没什么兴趣。他更喜欢在静谧的夜晚跟着爸爸去观察天象，数星星，望月亮；他也时常站在石子和沙盘前琢磨，遨游在数与形的世界里；他还经常跑到海边眺望，趴在柔软的沙滩上看热闹繁忙的码头。

各式各样的船只、紧张操作的水手和吃力负重的搬夫，这些平日里最常见的景象激起小阿基米德一番又一番的思索：满载货物的大船为什么不沉？船上的风帆最好做成什么形状？船桨为什么做成扁平状？

在人类文明刚刚萌芽之际，这些问题曾深深困扰着无数学者。那时没有坐标法，没有微积分，就连浮力定律都是阿基米德长大之后才发现的。作为拓荒者，小阿基米德可以学习和借鉴的知识并不多。但他已经拥有了作为一名科学家的最基本的特质——对一切看似理所当然的事物保持好奇和探究的心理。正是这份心境，令他几十年如一日，投身于对未知世界的探索。

童年时期的阿基米德以优异成绩完成了叙拉古学生的功课，而且更注重理论结合实际，善于解决现实生活中的问题。他看到苦力们搬运东西很辛苦，就设计了杠杆和滑轮装置，用以吊起沉重的货箱。这一发明让他得到国王的青睐，国王将他接到王宫住了几天。

不过，阿基米德对政治和王室都不感兴趣，他希望有机会去地中海的彼岸亚历山大城继续学习深造。

然而，父亲菲狄阿斯病重离世，悲痛如海潮般波涛汹涌，几乎将阿基米德淹没，生活也向他揭开了野蛮丑恶的一面。

这天，阿基米德路过闹哄哄的奴隶市场。

一个奴隶贩子正揪着一个红发老人的头发高声嚷嚷："走过路过不要错过！这老头不仅能干活，还特别有学问，在亚历山大城颇有名气呢！"

阿基米德制止了奴隶贩子对老人的暴行，一打听才发现，老人竟然是柯农！

那个对圆锥曲线和日食研究有着卓越贡献的大学者，竟然被人像牲口一样当街贩卖！

阿基米德毫不犹豫地赎走了柯农。他将对科学的热爱、对师长的尊敬和对奴隶的同情，全都倾注到柯农身上。不过，令他困惑的是：当今世上如此有名的科学家是怎么沦落为奴隶的呢？

原来，柯农去亚历山大城的天文台参加一次星座观察活动，途经地中海，遇上了海盗，被劫到罗马卖给奴隶贩子，又辗转来到叙拉古的奴隶市场。如果不是阿基米德搭救，这位成就卓越的科学家就会带着奴隶烙印过完悲惨的后半生。

这就是阿基米德所生活的时代。无论古希腊文明多么光辉灿烂，也不能抹杀它正处于奴隶社会的事实，大宗奴隶买卖成为发达商业的主要支柱之一。海盗们四处劫掠，无论是什么人，一旦被海盗掳走，就会被当作奴隶贩卖。更令人悲愤的是，城邦士兵与海盗兵匪一家，世间毫无公理可言。

柯农十分感激阿基米德。他发现阿基米德不仅善良，还有很多不可多得的闪光点：志趣高尚，勤奋好学，思维敏捷活跃，见解深刻独到……柯农就像发现了一棵好苗子的园丁，既激动又兴奋，他决心好好培养阿基米德。

为人师者，不仅要传授弟子丰富的知识，更要像灯塔般为弟子照亮前行的路。尽管柯农为阿基米德解开了许多疑团，开阔了眼界，但他深知以自己一人之力，无法满足阿基米德的求知欲。更何况，他半路被海盗掳走，下落不明，家人也非常担心，所以，他不能长期留在叙拉古教导阿基米德。

不过，柯农在离开前，郑重邀请阿基米德去亚历山大城学习。这正是阿基米德心之所愿，所以他欣然答应。

此时，阿基米德年仅 11 岁。

师承希腊群英

亚历山大城位于尼罗河河口，这里街道宽阔，建筑宏伟，是古希腊文化、贸易的中心，也是当时最大的城市；这里人才荟萃，有雄伟的博物馆、图书馆，被誉为西方的"智慧之都"。

柯农离开后，又过了一个冬天，待到春暖花开时，阿基米德告别家人，离开叙拉古，搭上一艘船，向着他心中的学术圣地亚历山大城航行。在海上历经波折，几天后，阿基米德终于在东方的晨曦中看到亚历山大港有名的灯塔。这座灯塔是古代世界七大奇观之一，它不仅为来往船只照亮前路，亦为阿基米德点亮了即将前行的学术之路。

阿基米德在天文台找到了自己日夜思念的柯农老师。一老一少久别重逢，一聊起来就忘记了时间，从清晨到午后，学术上的讨论似乎永远没有尽头。柯农身为长者，担心阿基米德一路远航，身体吃不消，就让他早些休息，消除旅途的疲劳。

可是，置身知识的海洋，阿基米德哪里睡得着？他来到图书馆，被那里丰富的收藏深深震撼。这是古希腊自然哲学家德谟克利特的几何著作；那是欧多克斯的天文学说；还有欧几里得的《几何原本》……阿基米德翻看着那一卷卷用莎草纸写就的珍贵手抄书，投入其中，忘记了时光流逝，也不在乎身边的事物和过往的学者。

在图书馆，阿基米德遇见了热情奔放又勤勉好学的埃拉托色尼。两人一见如故，结成终生的挚友。在柯农和埃拉托色尼两位师友的帮助和关怀下，阿基米德开始了紧张、愉快的留学生活。

古希腊繁荣的科学研究对西方文化发展影响巨大，在近代数学奠基中起着决定性作用。阿基米德置身于学术的殿堂，在璀璨群星光照之下潜心研究。当沉浸在数学世界里时，他会忘记一切，包括吃饭；他不在乎穿着，任何一块铺满了沙子的地板，或满是尘土的平整地面，在他眼里都是一块普通的"黑板"，任他肆意在上面画图；阿基米德还喜欢坐在炉火前，把炉灰拨平，再在上面画图；按照古希腊贵族们的习惯，出浴后会在身上涂抹橄榄油，而阿基米德时常在抹完橄榄油后忘记穿衣服，开始用指甲在自己涂了油的皮肤上画图。对阿基米德来说，只要是能够让他涂涂写写的地方，都可以用来研究数学。更重要的是，阿基米德能够博采众长，形成自己独到的见解、方法和风格。

"古希腊数学鼻祖"泰勒斯把几何从经验测量提高到了演绎科学的层面，发现了初等几何的一些定理。阿基米德赞赏他将理论付诸实践：利用相似形概念，测算金字塔高度，以及航船和海岸的距离，研究航海技术和贸易经济。这为他以后将数学理论融入机械学实践打开了思想之门。

柯农的同乡毕达哥拉斯提出"万物皆数也"的理论，引起阿基米德的深深共鸣。阿基米德自小就爱观察这五彩缤纷的世界，在他眼中，大自然遵循着数学的规律：浑圆的天体沿着几何轨迹运行，琴弦的长度和音调的高低有一定的比例关系，蜜蜂的蜂房是严格的六角柱状体……毕达哥拉斯学派从自然实体中抽象出数和形：正整数不一定是看得见、摸得着的小石子，直线也不必总是拉直的绳索。这种抽象使人类对数学的认识发生了重大飞跃，阿基米德更沉浸在数学这种抽象性的力量中。

毕达哥拉斯学派最负盛名的成就是证明了毕达哥拉斯定理：直角三角形斜边平方等于两直角边平方的和。其实，在毕达哥拉斯定理提出之前 600 多年，中国数学家就提出过"勾三股四弦五"的关系。在中国，这个定理被称为"勾股定理"。通过勾股定理，毕达哥拉斯学派很快发现了无理数，他们还掌握了黄金分割作图、二次方程的图解法，并知道存在 5 种正多面体。

阿基米德被毕达哥拉斯学派取得的巨大成就深深震撼。柯农却将他拉回残酷的现实，说："毕达哥拉斯在克罗顿创立学园，遭到反对派袭击。学园被焚毁，毕达哥拉斯也在梅塔蓬图姆被政敌所害。"

这让阿基米德想到大哲学家苏格拉底因政见为统治者所不容，被迫在狱中服毒自杀。他开始清醒地认识到科学家不可能逃离政治，回避现实，而纯粹地进行学术研究。柯农的话也似乎预见了阿基米德的未来，但不同的是，阿基米德不是被卷入复杂残酷的政治斗争，而是面对强大的侵略者；更不同的是，他没有逃避或屈服，而是选择直面残酷的现实，为自己的祖国和人民而战。

阿基米德特别推崇欧多克斯的"穷竭法"，这是一种寻求图形面积和体积的有效的方法，而求积问题在生产和生活中有很大的实际意义。

　　柯农的老师——大名鼎鼎的欧几里得，更直接引领阿基米德在数学领域有了全新的创造。当时知识十分贫乏，甚至没有阿拉伯数字和字母代数，数学研究举步维艰。而欧几里得的《几何原本》从 10 个简单的公设和公理出发，通过演绎推理，建立了 465 个命题，构成了一个宏伟的理论体系。这个成就令阿基米德明白：只是把前人的成果继承下来还不够，更重要的是创造。

　　比如阿基米德在"穷竭法"的基础上推演出圆周率的近似值，写成《论圆的测量》一文。西方将这个近似值称为 π。700年后，中国伟大的数学家祖冲之算出了一个更精确的 π，即 $3.1415926<\pi<3.1415927$。同时，阿基米德找到了已知三边求三角形面积的方法，后人把它写成 $S=\sqrt{p\,(p-a)\,(p-b)\,(p-c)}$，该公式被称为海伦公式。

　　随之，球的面积和体积也引起了阿基米德极大的兴趣。阿基米德发现，球的外切圆柱的体积和表面积、球的体积和表面积，它们对应的比都是 3 : 2。看看吧，数学世界多么神奇！阿基米德为之沉醉，甚至希望将来在他的墓碑上刻出这个定理。在他有名的《论球体和圆柱体》一文中，他把"两点之间的连线中以直线为最短"作为第一公理，论证了球的面积等于它的大圆面积的4 倍等。

　　人类对很大的数目的认识源于星空，"天上有多少星星"是许多孩子在仰望星空时想过的问题。在父亲的启蒙下，阿基米德很早就懂得很多星星和地球一样，本身不发光，也是由沙土组成的。那么，沙土和星辰的数目该如何表示呢？在《沙粒的计算》一文中，阿基米德提出一个特大数字的计数方案，阐述了可以把数写得大到不受限制的思想，这实质上就是无限的概念。

此外，阿基米德深深认同哲学家柏拉图在数学研究中明确规定术语的含义，指明推理依据的主张；学习了亚里士多德创立的逻辑学。

出人意料的是，阿基米德在崇敬亚里士多德的成就的同时，竟然质疑他提出的世界体系。亚里士多德认为，地球是宇宙的中心，宇宙中的其他天体都围绕地球旋转。"地心说"被西方学术界奉为权威，阿基米德却心存怀疑。他阅读阿里斯塔克的日心学说，认为地球以太阳为中心，每天在自己的轴上自转，每年沿圆周轨道绕日一周，这种说法比地心说更有道理。他不顾亚里士多德的崇高威望，向人们介绍日心说，对1000多年后哥白尼提出新的日心说起到了积极作用，也对人类更好地认识宇宙产生了深远影响。

阿基米德在力学中的成就

3年快乐单纯的求学时光转瞬即逝，阿基米德与柯农、埃拉托色尼等师友依依惜别。在克服了当时通信不便、交流需跨越茫茫大海的障碍后，阿基米德和亚历山大城的学友们保持着密切联系，他将研究的内容频频传到亚历山大城，再慢慢扩大到整个古希腊。

回到叙拉古，阿基米德深受国王的信任和尊敬，这使得他有充足的时间和精力继续进行学术研究。然而，回归现实后，阿基米德就不可能徜徉在纯粹的数学海洋中。生活中的实际问题困扰着他，这也让他在解决问题时，使数学理论得到了升华。

作为叙拉古国王的座上宾，为希伦王解决难题是阿基米德不可推卸的责任。

为了和外国的大船媲美，希伦王下令建造了一艘富丽堂皇的大游船。船造好后，工匠们撤走了船底的垫木，可是大船没有像往常一样沿着轨道滑到海里，而是稳稳地停在岸上。

一艘不能入水航行的船一定会成为大家的笑话，希伦王怎么能忍受这份耻辱？希伦王找来了阿基米德，希望他能够帮忙解决问题。阿基米德看着眼前这艘仿照迦太基人五层橹船建造的大船，陷入了深思。不过，这个问题并不难，他很快给出了解决方案：用杠杆撬起船身，在船底放置滚木，再在船的前方装上一套巨大的滑轮装置拖拽船身，令船在滚木上滚动滑行。

这个方案看似没有问题，但要撬动那么大的船，得需要多少人力物力？阿基米德只准备了十几根粗壮的竹竿，就连希伦王都觉得他在开玩笑。

阿基米德丝毫不在意别人的眼光，经过周密的计算，他在竹竿和船之间找到了一个支点，让人将竹竿架到这个支点上。此时，海滩上人山人海，热闹极了，所有人都想见识撬动大船的壮举。一切安排妥当，阿基米德选了十几个强壮的男丁，命他们用力撬动竹竿。

奇迹发生了！原本仅凭这十几个人是无法抬动大船的，但在小小竹竿的帮助下，五层楼高的大船竟然缓缓升起。

在一旁严阵以待的工匠们赶忙把圆木放在船底，加上滑轮的帮助，大船像一座巍峨的宫殿，伴随着圆木滚动的轰隆声，缓慢沉稳地滑入大海的怀抱。

海滩上沸腾了，人们高呼阿基米德的名字，深深为他感到自豪和骄傲。希伦王忍不住问："那几根竹竿怎么会有这么巨大的力量？"

阿基米德回答："那是杠杆。"

接着他说出了那句举世皆知的名言："给我一个支点，我就能撬动地球。"

通过这次实践，再经过长期思索和反复实验，阿基米德不断完善杠杆原理，陆续写出了《论平面图形的平衡》《论杠杆》和《论重心》等著作。

当时，阿基米德像只孤独的鹰，只身一人探索着广阔无垠的知识天空。但他不知道，在他之前200多年，中国的《墨经》上就已经记载了杠杆原理。可见，在无穷的科学世界里，阿基米德并不孤单，人类文明殊途同归。

大船下水的问题没有难倒阿基米德，希伦王又折腾出了一个新的难题。

为了炫耀自己的富贵，希伦王让工匠做了一顶纯金的王冠。他戴上工艺卓绝、纤巧悦目的王冠，得意非凡。可是工匠在领赏的时候神色异常，希伦王不觉起了疑心：工匠似乎心中有鬼，难道这王冠被做了手脚，他没有用上足够分量的金子？

国王召来大臣们商议，合计了半天，谁也解不开这个疑案。

于是，阿基米德又被召进宫，要他在不损坏王冠的前提下，查明金冠是不是掺了假。当时人们还没有密度和比重这些概念，只是朦胧地觉得同样大小的铁块比木块重些。阿基米德意识到这是个棘手的问题，他仔细比较以后明确：同样体积的金块比银块重，如果能算出王冠的体积，再和相等重量的金块体积比较，就可以知道金冠是不是掺了银。阿基米德很快找到了解决问题的思路，只要用他擅长的体积算法计算出王冠的体积就可以了。

他尝试把王冠分解成多种几何形体再进行计算，但是王冠的形状太复杂了，无法靠单纯的几何方法得到精准的结果。不过难题越复杂，研究起来就越有挑战性。

阿基米德夜以继日地冥思苦想，废寝忘食。家人担心他的健康，不得不强制他睡觉、进食，甚至沐浴。

一天，家人准备了满满一澡盆热水，希望能让阿基米德好好泡泡澡，放松一下。阿基米德精神恍惚地坐进澡盆，尽管他动作缓慢，水还是溢了出来。随着身体浸没得越多，水溢出得也越多。阿基米德看着不断流出的水愣住了。突然，他眼睛一亮，蓦地从澡盆里一跃而起，光着身子，着魔般大声喊道："尤里卡！尤里卡！"

这句希腊语的意思是：

"找到啦，找到啦！"

原来在水溢出的瞬间，阿基米德领悟到一个真理：不同质量的物体，在重量相同的情况下，如果体积不同，排出去的水肯定也不相同。那么无论王冠是什么形状，只要计算出水的体积，就可以判断是否掺假了。

阿基米德向希伦王详细解释了检查王冠的方法，国王命人拿出和王冠同等重量的金块。阿基米德拿来一个瓦罐和两个盘子，两次把瓦罐装满水，分别把王冠和金块放进去，把溢出的水盛在不同的盘子里，发现王冠比金块排出的水多。这说明王冠体积比等重的金块体积大，因此可以断定，金冠中一定掺了假。面对无可辩驳的事实，制作王冠的工匠只得低头认罪。

　　王冠掺假问题的解决，使阿基米德找到了确定复杂形体体积的"非数学"方法，并得出了物质"比重"的概念。他没有就此止步，而是继续深入探索。他把对物体浸入水中的现象的分析和对过去重船漂浮的原因的探索联系起来，终于发现了一条普遍规律：

　　物体在流体中受到的浮力等于它所排开的同体积的流体的重量。

　　阿基米德把他开创的流体静力学研究结果写入了另一部名著《论浮体》中。在书中，阿基米德有条不紊地证明了这一定律。直到2000多年后的今天，物理学家仍然认为他的证明完全正确。

为叙拉古而战

　　如果阿基米德只是丰富了数学理论，发展了多姿多彩的几何学，开创了理论物理学，那他最多是个天才。其实他的人生用"传奇"来形容还远远不够。人们常说"科学没有国界"，但是科学家有国别之分。一个伟大的学者、科学家创造出令后世敬仰的理论或发明，固然值得学习，可他高尚的品格、无私的精神和对自己国家的热爱，更应成为世人的榜样。

阿基米德热爱他的祖国，自从父亲离世后，他就不再是一个只知道沉浸在学术研究中，不知人间疾苦的"书呆子"。柯农老师的遭遇，让他看到奴隶社会下人与人之间的不平等；前往亚历山大城求学，他在海上遭遇罗马战船的刁难，即便叙拉古已经投靠罗马，他们仍没有免于被羞辱，这让阿基米德意识到自己祖国的处境就像被拖到奴隶市场贩卖的奴隶一般，毫无尊严可言。

阿基米德所处的时代和地理位置战火纷飞。一个国家的文明辉煌与否，并不能让它逃离战争，更不能决定战争的输赢。而叙拉古既不足够强大，又不足够昌盛，它被两个帝国夹在战争的缝隙中，过着风雨飘摇的日子。

叙拉古迫于武力强盛的罗马帝国的威胁，与迦太基帝国结为同盟国。迦太基是古代腓尼基人建立的国家，以现今非洲北部的突尼斯为中心，领土东到西西里岛，西达西班牙和摩洛哥。由于商业和殖民利害的冲突，从公元前264年至公元前146年，迦太基和罗马进行了激烈的战斗，战争延续了近120年之久。罗马人称迦太基人为布匿人，因此在古罗马人写成的史书中，这场战争被称为布匿战争。叙拉古和迦太基的结盟就发生在第二次布匿战争时，罗马于是将叙拉古从"保护国"变成了"征战国"。

希伦王也并非只知道享乐的"草包"，新老两代希伦王都在努力想办法在夹缝中顽强生存。为了对付强大的罗马军队，老希伦王让阿基米德帮助设计防御的武器。

阿基米德毫不犹豫地答应了。他身为贵族，知道第一次布匿战争打了近30年，罗马元老院和迦太基政治寡头贪得无厌，丝毫不在乎老百姓因战争而家破人亡，他们眼中只有疯狂的掠夺和鼓动人民参与非正义的侵略战争。因此，阿基米德深知叙拉古现在的和平得来不易，战争随时都会爆发。他不是军事家，但他随时准备用自己的头脑和智慧来保卫祖国。

阿基米德开始设计各种武器。他构思巧妙，画出的图纸精妙绝伦。老希伦王对抗侵略者的决心和阿基米德的奇思妙想，激发了叙拉古人民保护祖国的决心。武器很快被生产出来，老希伦王又命令军队勤加练习，随时准备对付入侵者。

公元前214年，罗马名将马塞勒斯率领大军围攻叙拉古，此时老希伦王已经逝世，新王将希望寄托在阿基米德设计的新型武器上。

马塞勒斯从陆地和海上兵分两路袭击叙拉古，战争帷幕浩浩荡荡地拉开了。罗马士兵从陆上对叙拉古的城墙发起猛攻，数不清的大石块从城墙内飞出来，砸向侵略者，这是阿基米德设计的抛石器。马塞勒斯的副将克劳迪乌斯率军从海上发动进攻，但是航道阻塞，战船搁浅，靠近岸边的舰队遭到猛烈袭击。原来，阿基米德设计出类似起重机的器械，将靠近岸边的船只抓起来，再狠狠摔下去，既把入侵船只砸得粉碎，又有效阻止了更大规模的舰队入侵。

作为出色的军事将领，马塞勒斯经历过很多战斗，他在跟迦太基的数次战斗中都取得了胜利，又怎么会屈服于小小的叙拉古？很快，马塞勒斯将8艘五层橹船用铁链两两连接在一起，架起一种叫"萨姆布卡"的大炮武器，准备攻城。可是，不等战船靠近，叙拉古人就用抛石器抛出巨大的石块，形成"暴雨"，将"萨姆布卡"打得七零八落。

在那场旷日持久的战争中，男人们都上战场打仗去了，城里多是些老弱妇孺。为了防止敌人偷袭，阿基米德组织城中妇孺，每人手中举着面镜子，再将镜子对准太阳，反射阳光引起熊熊大火，点燃了聚集在城下的敌船。火光中，罗马人吓坏了，他们尖叫着四处逃窜，以为阿基米德会什么了不得的"魔法"。考虑到当时阿基米德已经发现抛物面反射镜能够聚焦的原理，这种极具传奇色彩的故事应该并非空穴来风。

还有一次，罗马人打算在夜间偷袭，这样就可以利用黑夜做掩护，避开威力巨大的抛石器。一旦兵临城下，阿基米德的器械就会失去作用。不料，阿基米德早有准备，他制造了一种叫"蝎子"的弩炮，专门对付近处的敌人。结果，罗马士兵摸上城墙的那刻，万弩齐发，将他们杀得片甲不留。

如此一来，罗马士兵成了惊弓之鸟，甚至到了草木皆兵的程度。只要看到叙拉古城墙里扔出一根绳子或者一块木头，他们就立刻抱头鼠窜，大喊着："阿基米德的机器又瞄准我们了！"

就连马塞勒斯都不得不赞叹道："这是一场罗马军队和阿基米德一个人的战争。"

然而，一个人的智慧终究挡不住罗马帝国的铮铮铁蹄，更挡不住历史滚滚向前的车轮。战局并非使用几件构思巧妙、威力巨大的武器就可以扭转，更何况阿基米德的发明只能作为守城之用。小城邦叙拉古注定无法对抗横扫整个西方世界的罗马帝国。

精通军事的马塞勒斯不会一味强攻，他将战略由速战速决改为长期围困。最终叙拉古因粮食耗尽和叛徒出卖而城破。马塞勒斯对阿基米德打心里敬佩，他下令不许伤害这位才思卓越的学者，甚至颁布禁令制止罗马士兵在叙拉古城中烧杀劫掠，以保护古希腊文明中这颗璀璨的明珠。但是，常年打仗的罗马士兵早就被暴力和杀戮塑造成了野蛮人，根本不听统帅的命令。阿基米德也在为国鞠躬尽瘁之后，迎来了自己的宿命。

不要动我的图！

由于长期被围困和战争前期取得的胜利，叙拉古城防松懈，城破之时很多人都没有防备。阿基米德则把自己锁在房间里，在"沙盘"上画出各种几何图形，进行研究。对于叙拉古的沦陷，他还一无所知。

突然，房门被一群士兵踢开，他们粗鲁无礼，冲进房间就用罗马语叽里呱啦乱嚷嚷一通。阿基米德听懂了，是马塞勒斯让士兵们带他回去。可是，他正为眼前的谜题深深着迷，凝视着"沙盘"竭力思索。这个举动在罗马士兵眼中就是极度不配合，有人冲上去要毁掉"沙盘"。阿基米德被激怒了，他朝士兵扑去，大喊着："不要动我的图！"

然而，那个士兵的神经绷得太紧，他以为这个年迈的老人在对他发动攻击，于是转身猛地刺出一剑，这位手无寸铁的伟大学者应声倒地，结束了求索真理的一生。

阿基米德之死对马塞勒斯的打击很大，他一向崇敬这位大科学家，也看重阿基米德头脑中的智慧。马塞勒斯处死了那名杀害阿基米德的士兵，还寻找到阿基米德的亲属，给予抚恤并表示敬意，又给阿基米德立墓，聊表景仰之情。他在碑上刻着球内切于圆柱的图形，算是完成了阿基米德生前的愿望。

100多年后，罗马著名的政治家和作家西塞罗在西西里担任财务官，有心去凭吊这座伟人的墓。不料，当地居民竟否认它的存在。众人借助镰刀辟开小径，发现一根高出杂树不多的小圆柱，上面刻着的球和圆柱图案赫然在目，这久已被遗忘的寂寂孤坟终于被找到了。墓志铭依稀可见，大约有一半已被风雨腐蚀。

西塞罗不由得感慨："……我之所以能够发现并确认它，是因为我事先知道刻在这碑上的几句诗，以及球和圆柱的图形。我站在这位伟大学者的墓前，周围是一片荒草。我想，希腊最著名的城市中最伟大的天才就安息在这儿；要不是亚平宁一位山民发现的话，人们竟一点也不知道了。"

如今2000多年过去了，时光流转，沧海桑田，就连这座墓也消失得无影无踪了。现在有一个人工凿砌的石窟，宽10余米，内壁长满青苔，据说是阿基米德之墓，却无任何能证明其真实性的标志，而且"发现真正墓地"的消息时有所闻，令人难辨真伪。

对阿基米德来说，能否被后世凭吊或纪念并不重要，他真正关心的是星空、几何、力学，即便临死时，他仍惦念着那些尚未被解答的谜题。如果他能够知道人类对科学的探索已经进入宇宙深处，他一定会感到欣慰。或许，纪念阿基米德最好的方式就是继承他一往无前的探索精神，不断为丰富人类的知识体系贡献一份微薄的力量。

Men of Mathematics

2

笛卡儿

René Descartes

解析几何远远超出了笛卡儿的任何形而上学的推测，它使笛卡儿的名字不朽，它是人类在精密科学的进步史上曾迈出的最伟大的一步。

——约翰·斯图尔特·穆勒

"我只要求安宁和平静。"正是说这句话的人发明了富有创造性又容易被人理解的解析几何，他把数学领向新的途径，改变了数学历史的进程。他不仅仅是一名伟大的数学家，还是一名哲学家、物理学家。他对世界充满好奇，他勤于思考，敢于质疑受宗教控制的虚无教条，他的物理研究更为其他物理学家奠定了基础。在勒内·笛卡儿活跃的一生中，他经常不得不到军营里去寻找他渴望的、可以在孤独中冥思的平静。然而，这个只追求安宁和平静的人，降生在深陷战火、面临重建宗教、正处于政治阵痛期的欧洲。

　　笛卡儿所处的时代与我们的时代略有不同，为了更好地理解他生存的时代，我们在这里先简要了解一下。16、17世纪的欧洲正处于文艺复兴后期的光辉时代，暗无天日的中世纪旧秩序迅速衰弱，但阳光明媚的新世纪尚未到来，正如黎明前的黑暗。掠夺成性的贵族、国王和皇家子弟繁衍出大群统治者，他们擅长公开抢劫，却大多没什么头脑。他们信奉只要我比你的臂膀强壮有力，就可以把你的任何东西都抢过来。

除了掠夺性的不义战争，中世纪遗留的宗教阴影仍笼罩着人们的生活，大量的宗教偏执和极端思想充斥在社会中。这些偏见孵化出了更多的战争，并使客观公正的科学研究变成了非常危险的工作。另外，人们对基本的卫生常识普遍无知，这甚至跟贫穷、富有毫无关系，即便是富人的公馆，卫生状况也像贫民窟一样污浊。这里瘟疫肆虐，与战争一起掠夺生命。因此，欧洲的人口已经少到了不能再少的地步。

尽管如此，笛卡儿所处的时代仍然是文明史上为数不多的伟大的智力时期之一。在这个时代，数学巨星费马和帕斯卡还闪烁着；莎士比亚辞世时，笛卡儿已经20岁了；伽利略也诞生在这个时代，而笛卡儿比他多活了8年；牛顿7岁那年，笛卡儿辞世；弥尔顿出生时，笛卡儿12岁；血液循环的发现者哈维比笛卡儿多活了7年；奠定电磁学基础的吉尔伯特去世时，笛卡儿已经7岁了。

这就是笛卡儿的生活背景。

"我思故我在"的小哲学家

1596年3月31日，笛卡儿出生在法国拉埃耶的一个下层贵族家庭。他是父亲和母亲的第三个，也是最后一个孩子。母亲在他出生后几天就去世了。从小失去母亲的他体弱多病。一次生病差点令幼小的笛卡儿夭折，幸亏有乳母和父亲的悉心照料，他才得以转危为安。

父亲给儿子取名勒内，意为"重生"。勒内的父亲非常理智，他竭尽全力去弥补孩子们失去的母爱——他再婚了，娶了对孩子们关爱有加的乳母，这让笛卡儿一直生活在父亲明智的引导、关注和乳母的悉心照料中。

父亲很早就发现了笛卡儿的才华，经常以"我的小哲学家"称呼他。这个小哲学家总想知道阳光下万物的本原，以及乳母给他讲的天国的奥秘。

笛卡儿并不真是一个早熟的孩子，可是他对每件事都爱刨根问底，像个学问家的样子。父亲作为一位享有盛名的大律师，却经常被孩子问得张口结舌，最后只好认输："好啦，我的小哲学家！这个问题将来由你自己去解答吧。"

父亲没有想到，自己漫不经心的一句话，后来竟成为现实。笛卡儿一生都在孜孜不倦地努力揭开笼罩在事物外部的层层面纱。

由于勒内体质虚弱，父亲对他的功课也就顺其自然，没有太过苛求。不过，较差的健康状况促使笛卡儿把活力都用在了智力的钻研上，他喜欢学习，热爱探索。

当笛卡儿8岁时，他的父亲认为正式教育不能再拖延了。经过多方打探，父亲选择了当时欧洲十分有名的耶稣会学校之一——拉弗莱什学院，作为儿子的理想学校。院长沙莱神父立刻就喜欢上了这个面色苍白、信赖人的小男孩，并且看出，要培育这孩子的心智，必须先增强他的体质。院长还注意到笛卡儿似乎比同龄的孩子需要更多的休息，于是告诉笛卡儿，他早晨想躺到多晚就可以躺到多晚，不必和同学们一道早起。

从此以后，除了临近他生命终点的那个不幸时期，笛卡儿终生保持着这个习惯：当他想要思考时，他就躺在床上度过他的早晨。他在中年时期回顾在拉弗莱什的学生生活，曾经断言，那些在寂静的冥思中度过的漫长而安静的早晨，是他的哲学和数学思想的真正源泉。

他的功课很好，很快就成了一名娴熟的古典学者。按当时的教育传统，他特别注重拉丁文、希腊文和修辞学。但这些只是笛卡儿学到的一部分知识，他的老师们自己就是出入上流社会的人，他们的工作就是把他们所负责的学生训练成为绅士般的人物。

然而，14 岁的笛卡儿已经显露出了他的特殊才能。躺在床上冥思时，他就开始怀疑，他正在学习的"人文学科"对人类的意义并不太大。不说别的，就说神学所主张的上天堂之路吧，这个说法的确很吸引人，笛卡儿也和别人一样渴望升入天堂。然而他禁不住对自己发问，怎样能证明这条道路是确实存在的呢？他发觉，那些盲目遵从哲学、伦理学和道德学思想的权威性教条，只不过是迷信，没有什么可靠的依据。他眼下所研究的人文学，只是钻在故纸堆里，用可疑的方法，烦琐地考证古代文稿中的片言只字，通过语义学的研究来确定它们的含义。似乎这些就是人类追求的终极"学问"。而这些"学问"既不能帮助人类去改造环境，也不能指引人类命运的方向。

笛卡儿坚持他幼年的习惯，决不因为是权威的东西就接受。

他意识到他质疑的那些所谓的证明和诡辩逻辑正是虔诚的耶

稣会会士们要他去相信的。由此，他的思路很快转入激励他毕生事业的基本疑点：我们如何理解事物？还有，也许更重要的是，要是我们不能确定我们知道什么，我们又如何发现我们可能有能力理解的那些事物？

1612年8月，笛卡儿以优异的成绩从学校毕业。校长沙莱神父成了他的终身好友。他在拉弗莱什的另一位挚友是梅森神父，他后来成为笛卡儿的科学代理人。

同年秋天，笛卡儿遵从父亲对自己的希望——成为律师，进入波埃顿大学攻读法律与医学。他的疑问越来越多，思考也越来越深入。他认识到，人文学教育中运用逻辑的证明方法对任何创造性的人类目标都贫乏而毫无用处。哲学的、伦理的、道德的"证明"和无懈可击的数学证明相比，花哨而虚假。他喜欢数学，就像鸟儿喜欢天空，那种建立在公理基础上的严密推理，才是了解事物的有力工具。

笛卡儿之所以一直持这样的怀疑思维，是因为他长期都在安静思考。正如他那句传世名言：我思故我在。勤奋的思考加上不断求索的实践，将笛卡儿引向了一条注定伟大的路。

去参军！为了安宁和更好地阅读世界这本大书

1616年，笛卡儿以最优异的成绩获法学博士学位。他对在学校里所学的贫乏知识已经感到极不耐烦，他不愿把自己关在书房里，死啃干巴巴的教条。他决定迈开双脚去"阅读世界这本大书"。他认为只有到生活中去，才能找到纯粹的真理，生活应该是有血有肉的、活生生的，而非单调的纸张和油墨。

父亲和老师给予他童年、少年时代充足的休息，令他的健康状况有了明显改善；家庭境况的优越也为他想做什么就做什么提供了良好的条件。笛卡儿已经能够享受年轻人的快乐了，于是他抛开了父亲庄园里令人沮丧、过于节制的生活，跟几个富家子弟前往巴黎。

赌博是那个时代绅士们最喜爱的娱乐活动，它还带点竞技的味道，跟数学也有密切的关系，这多少吸引了笛卡儿。他很是正经地研究了一番，基本摸透了游戏的套路，然后连连获胜。于是，赌博很快就变得无趣起来。

俗不可耐的伙伴和花天酒地的生活让笛卡儿觉得厌烦，他独自离开，在现在的圣日耳曼郊区租了简朴舒适的房间，开始埋头于数学研究，一住就是两年。沉浸在数学的安宁里令他舒适，在摆脱经院哲学那套可以被随意曲解的知识后，数学的严谨、精密与和谐令他心驰神往。

然而，这样的好日子没能一直持续下去。有一天他外出散步，意外地遇到了曾经一起纸醉金迷的纨绔子弟。这些人经常相约去拜访他。为了摆脱这些花花公子的纠缠，重新获得安宁的生活，笛卡儿决定去从军，投身到遍及欧洲的大大小小的战斗中去，这是实现游历世界的梦想的最理想、最经济、最简单的方法。何况贵族的子弟在军中享有许多特权，生活可以过得相当自由。

笛卡儿军人生涯的第一阶段就这样开始了。他首先去了荷兰的布雷达，在显赫的威廉亲王麾下接受训练。此时，荷兰还是西班牙的殖民地，一场脱离西班牙的独立战争正在如火如荼地展开。笛卡儿期望在亲王的率领下参加战斗，不巧的是，莫里斯王子继承了威廉亲王的事业，他欢迎笛卡儿的到来，并给予了他充分的尊重，却不让他直接参加战斗。笛卡儿闲着无事，只好独自在布雷达城里溜达。

当时颇有名望的数学家贝克曼在城墙上贴了一道数学难题，谁要是解答出来，不但可以得到一笔奖金，还将被授予"布雷达数学家"的荣誉称号。笛卡儿请人帮忙把题目的荷兰文翻译成法文，当时贝克曼满不在乎地瞧了一眼这位青年军官，但他做梦也没有想到，两天之后笛卡儿交来了正确答案。这两位数学天才因此成了一起探讨数学和科学问题的好友。这次成功使笛卡儿看到了自己的数学才能，从而激起了研究热情。

贝克曼对笛卡儿的影响非常大，笛卡儿把自己的第一部著作《音乐提要》送给了这位朋友，并说："事实上，你是唯一把我从懒散的状态中唤醒的人，唤醒了我心中几乎已经被我完全遗忘了的科学兴趣。你把一个业已离开科学的心灵带回到最正当、最美好的路上。"在贝克曼的推动下，他开始撰写有关数学的论文，形成了后来的解析几何的基本思想。

由于在荷兰人的军营里没能参加自己渴望的战斗，笛卡儿在第二年就离开了，开始游历丹麦和德国。此时，他首次显露出人生中一个可爱的闪光点，并且再也没有丢掉。笛卡儿喜欢像小孩子一个村一个村地追随马戏团一样，抓住每个可能的机会去观看华丽的大场面。这次，他在法兰克福参加了德皇斐迪南二世的加冕典礼，全程观看了华丽精巧的盛况。然后他来到波兰莫拉维，最后又回到德国，加入了巴伐利亚的马克西米利安公爵率领的军队，与波希米亚作战。

时值隆冬，军队驻守在多瑙河岸靠近诺伊堡的小村庄里。房间暖和，并且没有任何烦扰。笛卡儿终于得到了他一直追寻的东西：安宁和平静。他安心地躺在床上沉思默想，最终悟出了科学的真谛。

三个梦带来的启迪

1619 年 11 月 10 日，笛卡儿做了三个奇怪的梦。

第一个梦是个非常恐怖的梦。他觉得有许多幽灵出现在他前面，吓得他到处乱跑。醒来之后，他觉得很痛苦，怕是某些恶魔来勾引他，不让他去完成某个任务。接下来，他大约有两小时无法入睡，直到他向上帝祈祷，祈求上帝支持他，并饶恕他的罪恶和缺点。

接着他睡着了，做了第二个梦。在梦中，他听见了一种尖锐刺耳的声音，仿佛一声雷响，他惊醒后睁开眼睛一看，觉得房间里到处是火星。短暂的惊慌过后，笛卡儿慢慢恢复了平静，他从哲学中找到了契合的结论，那声雷响可以被解释为真理降临到他身上，来占有他的一种信号。

于是他又睡着了，第三个梦姗姗而至。与前两个梦不同，第三个梦温和又令人愉快。他在梦中见到了两本书，一本是字典，另一本是他非常喜爱并多次读过的诗集，首句为"我将遵循什么样的生活道路"。笛卡儿梦中析梦，他判断，那本字典仅仅是指结合在一起的各门科学，诗集则更显著、明白地标志着哲学和智慧的统一。他对读到的诗句逐一解析，认为前面那两个梦是对他过去生活的可怕谴责，而第三个梦预示着在他的后半生将要发生的事，说明他将有能力去开创他设想的伟大事业，这使他有了"天将降大任于斯人"之感。

他深信这三个梦完全是上天的恩赐，正如第二个梦所谕示的那样，他即将掌握真理，这个真理就是所有科学的真正基础即解析几何。通俗点说，就是用数学来探索自然现象。

梦的启迪或许有些玄妙，但正如俗语所说"日有所思，夜有所梦"，笛卡儿每天无休止地对事物本原进行思索，终于在这一天，在完全放松的梦境中，他豁然开朗。尽管距离解析几何真正公布之时还有 18 年之久，但这一天笛卡儿的思想发生了重大转变，有些学者也把 1619 年 11 月 10 日这天当作解析几何诞生日。之后，笛卡儿仍继续着他的军人生涯。

1620 年春天，笛卡儿参加了布拉格战役，终于体验到了真正的战斗。在一群难民中，他见到了年仅 4 岁的伊丽莎白公主，她最后成为笛卡儿最喜爱的弟子。

随后，笛卡儿随几个老兵一起进入了特兰西瓦尼亚。至此，战争和瘟疫让他觉得厌倦了，他开始向往北欧的和平、干净。于是，笛卡儿辞退了身边的人，只留下一个扈从，他们登上了驶往东弗里西亚的船。不料，船上的水手是一伙穷凶极恶之人，一副风度翩翩的法国上流绅士打扮的笛卡儿，正是他们劫掠的对象。

他们盘算着将这个贵少爷抢劫一空，再把主仆俩扔进海里喂鱼。可惜，他们没想到，这位雍容华贵的绅士能够听懂他们的语言，知悉了他们的打算。笛卡儿趁他们放松警惕之际，突然拔出剑，强迫他们把船划回岸边。笛卡儿又一次逃过了死亡的突然袭击！

罗马休假结束后，笛卡儿立即与萨瓦公爵一起参加了一场血腥的战斗，在这场战斗中他表现出众，因而被授予中将头衔。笛卡儿却谢绝了这一诱人的荣誉，他非常清楚，当初参加军队只是为了体验生活，为他在思索科学之际调节精神。

告别萨瓦公爵，他来到了巴黎。回到法国的日子里，笛卡儿和哥哥谈妥了祖屋和耕地的财产分割事宜，这些产业每年可收入六七千法郎。为了日后能专心研究，他必须先筹备好生活费用。由于父亲去世后给他留下了可观的财产，他可以专心追求自己的兴趣，不用担心经济来源问题。

为了进行他的研究，他在巴黎住了三年。不过他并没有过得像个老学究，正好相反，他是个穿着时髦并极具正义感的人。想象一下，笛卡儿穿着华丽的绸缎，佩戴一把与他绅士身份相称的剑，再戴上一顶硕大、宽边、插着鸵鸟毛的帽子，出没于教堂、大街等公共场所，行侠仗义。有一次，一个喝醉酒的乡巴佬企图侮辱笛卡儿带来的女伴，笛卡儿毫不犹豫地打飞了醉鬼的剑，却饶了他的性命。

这里既然提到了女人，就不得不提一下笛卡儿的私生活。笛卡儿终生未娶，他只有一个名叫海伦的情妇，她为笛卡儿生了个女儿，取名法兰星。笛卡儿非常爱她，可惜这个女孩 5 岁的时候得了猩红热，不幸夭折了。笛卡儿非常伤心，这一不幸深深影响着他。虽然他曾对一位期待与他结婚的妇女说，他宁可要真理而不要美女，但真相也许是女儿的死对他造成了沉重打击。

继承遗产后的笛卡儿的经济状况处于中等水平，但他很知足。他不强迫家人接受他有所节制的养生之道，并且非常关心仆人们，即便他们离开他很长时间，他仍关心这些人的经济状况。因此，仆人们也非常爱他。这一点从他临终时跟着他的小厮为失去主人而悲恸欲绝就能看出。

笛卡儿在巴黎平静冥思的 3 年，是他一生中最幸福的时光。此时，伽利略已经用他制作的望远镜做出了辉煌的成绩，欧洲半数的自然哲学家都把心思花费在透镜的研究上。笛卡儿也以这种方法自娱，但没有什么惊人的新发现。他的才智主要体现在数学和抽象思维上。他在这个时期的一项发现，即力学中的有效速度原理，至今仍然具有重要的科学意义。

到此时，笛卡儿尚未出版任何著作，但他在专业领域的突破和哲学上的魅力早已令他声名远播，陆续有许多人来拜访他。

然而，在法国的生活过于喧嚣，让他得不到安宁和休息，笛卡儿再次来到战场寻找慰藉。这次是和法国国王一起去攻打新教胡格诺派的据点拉罗谢尔。在那里，他结识了路易十三的宰相——红衣主教黎塞留，后来这位大主教为笛卡儿做了件难得的好事。

笛卡儿现在 32 岁了，战场上任何一颗流弹都可能结束他的生命，终止解析几何的诞生，然而那不可思议的好运道一直保护着他。

隐居荷兰

1628 年，笛卡儿的思想有了第二次转变。他结识了两个红衣主教——德贝律尔和德巴涅。作为那个时代的天主教教士，他们热爱科学并从事科学研究，因而对笛卡儿十分敬重。在德巴涅举办的一次晚会上，笛卡儿向一个名叫 M. 德尚多的人阐述了他的哲学理念：数学可以帮助人把真理和谬误区分开。他列举了 12 个无可反驳的论据，以说明任何不容置疑的真理的谬误性，又提出了对等的论据去证明公认的谬误具有真理性，以支持他的论点——仅依靠人的思辨能力是无法把真理和谬误区分开的。所以，人类需要以数学理论为基础，运用机械创造手段将其应用于科学，从而帮助人类区分真理和谬误，真正造福人类。德贝律尔完全被笛卡儿的哲学思辨吸引了，明明白白地告诉笛卡儿，与世人分享他的发现是他对上帝应负的责任。为了确保笛卡儿能照做，德贝律尔甚至夸张地说，如果他不那么做，他会下地狱。

好友对笛卡儿的支持，令他的思想再次发生转变。是时候去做他早就应该做的事了，笛卡儿决定离开法国前往荷兰，找个静谧的地方潜心研究。

为什么要离开自己的祖国，远赴他乡？这大概是因为法国当时的宗教形势比较严峻，不允许人们畅谈宗教问题，笛卡儿觉得自己的思想受到了钳制；而且他的沉默寡言和多少有些神秘的容貌，很容易被当成异端，对他的生命和自由都有所不利；另外，法国的熟人太多了，交往应酬严重影响了笛卡儿的研究工作。

荷兰恰是一个好去处，政治修明，民风淳朴，人民享有充分的思想和言论自由。罗素曾说，17世纪的荷兰是欧洲"唯一有思想自由的国度"。

此后的20年，他在荷兰换了很多住所，从来没有在一个地方待过很久。他居住的地方通常是一座大学或著名的图书馆附近，他甘愿当一个住进偏僻角落的沉默隐士。不过他与外界并非全无联系，他与欧洲的主要学者有过许多关于科学和哲学的通信，这些信件都通过梅森神父代转，两人在笛卡儿在拉弗莱什上中学时结下了终生友谊。所以，无论笛卡儿何时更换住址，梅森都是那个第一时间知道的人。为了方便笛卡儿和学者们进行学术交流，梅森将距离巴黎不远的小兄弟会修道院变成了可以交换观点、探讨数学和科学问题、探究真理答案的场所。

在荷兰隐居期间，除了哲学和数学，笛卡儿还进行了大量的其他研究。光学、物理学、解剖学、胚胎学、医学、天文观察和气象学，包括对彩虹的研究，都是他对世界探究的一部分。在今天，任何人要是如笛卡儿一样把精力花费在那么多科目上，大概只能成为一个样样稍通、样样稀松的"万能博士"。但在笛卡儿的时代不是这样。在那个时代，一个有才能的头脑有希望在几乎所有他感兴趣的科学领域里取得一些成就。作为解析几何的创始人和唯理论哲学的奠基者，笛卡儿还发现了光的折射定律，首创神经传导和反射机能的学说，建议帕斯卡做真空实验……形形色色的问题，一经笛卡儿的头脑和双手，就会产生有意义的成果。

与在学校所学的思辨哲学不同，笛卡儿信奉实用哲学。通过这种哲学，笛卡儿希望人们可以像了解手工艺人的各种工艺一样，清楚地了解火、水、空气、恒星、宇宙等所有围绕着我们的物体之间的作用，然后把这些规律运用于它们所适宜的各种场合，从而使我们真正了解大自然的奥秘，并且更充分地利用大自然对我们的慷慨馈赠。

今天来看，笛卡儿信奉的实用哲学，未尝不是科学的本质。

《论世界》和"解析几何"的不同命运

1634 年，笛卡儿 38 岁，他的宏伟论著《论世界》即将完成。这部巨著凝聚着笛卡儿的毕生心血，有他收集和思索得出的一切思想。他弥补了《圣经》中上帝 6 天创造世界的不足，提出一个宇宙旋涡学说来解释行星怎样转动不息并且保持着环绕太阳的状态，还用数学和力学知识来解释混沌初开以后宇宙天体的运动和变化，这无疑是天文学的伟大尝试。他打算把这本书送给梅森神父当作新年礼物，远在巴黎的学者们也都急于想看到这部杰作，梅森甚至已经提前看到了书里的精华部分，《论世界》的出版面世几乎成了板上钉钉的事。

然而，笛卡儿敏锐地觉察到了这本书对罗马教皇所产生的撼动，他嗅到了危险。所以，他希望先看看伽利略出版的最新著作，因为伽利略的天文研究也是基于对哥白尼体系的支持，而且一个朋友已经答应把书寄给他了。

可是，他等来的是一个晴天霹雳。1633 年 6 月 22 日，近70 岁高龄的伽利略受尽屈辱地被迫在罗马教廷异端裁判所下跪宣誓：放弃哥白尼的学说。哥白尼的日心说是对鼓吹"地球是宇宙中心"的宗教统治的沉重打击。

要是伽利略拒绝发假誓，将会有怎样的下场？这点甚至不用猜测。笛卡儿想起了宣传宇宙无限思想的布鲁诺被烧死在罗马鲜花广场，这使他不寒而栗。在他的《论世界》里，哥白尼的日心说被看作一个理所当然的事实。他坚信哥白尼的学说就像坚信自己的存在。如果伽利略因为温和的"异端"思想要被迫下跪，那么他还能期望什么呢？

笛卡儿被吓坏了吗？不，他不仅仅是害怕，他还深受打击。因为他不仅相信哥白尼，他也相信罗马教皇。这听起来很荒唐，但笛卡儿就是如此矛盾。他幼年接受的教育让他无法否定教皇的存在，他理性的思维和怀疑的习惯又告诉他哥白尼一定是正确的。可如今教皇迫使日心说"下跪"，这个事实几乎推翻了笛卡儿的全部认知，他能让哥白尼和教皇在自己的小世界里做到和谐统一，但别人不行。

于是，他决定把《论世界》在他死后出版。到那时，也许教皇死了，哥白尼和教皇的矛盾也就消失了。

然而，令他矛盾、害怕的教会竟然慷慨地帮助了他。尽管信奉新教的神学家们猛烈抨击笛卡儿，骂他是无神论者，是危险分子，但是，在拉罗谢尔战场上和笛卡儿结识的红衣主教黎塞留下令：无论在法国还是国外，笛卡儿只要愿意写，他的任何著作都可以发表。莫里斯王子也毫不犹豫地站在了笛卡儿这边。

这似乎让人费解，天主教会对待笛卡儿和伽利略的态度怎么会迥然不同？是因为黎塞留大主教良心发现，凭着跟笛卡儿的丁点交情就对他网开一面？当然不是，教会不会对任何危及统治的

"异端邪说"宽容。但是，别忘了，笛卡儿本人是信奉教会的。他给自己规定了一套《暂行的行为准则》："服从我国的法律和习惯，笃信上帝恩赐我从小就领受到的宗教信印，……只求克服自己，不求克服命运；只求改变自己的欲望，不求改变世界的秩序。"

这类忠心耿耿的表示，让教会觉得他谦恭温顺，没有威胁。这大概是笛卡儿在他那充满矛盾又痛苦的信仰中得到的唯一好处吧。

但是，随着笛卡儿著作的陆续发表，国王和教会渐渐看出笛卡儿的学说是对封建王权和宗教统治的严重威胁。可是，等到他们气急败坏地想处决笛卡儿时，这位伟大的哲人已经长眠于九泉之下了。

值得庆幸的是，决定不在生前出版任何书的笛卡儿被他热心的朋友们劝服，于是，在1637年6月8日，《关于科学中正确运用理性和追求真理的方法论的谈话。进而，关于这一方法的论文，屈光学、气象学、几何学》出版了，这部著作被简称为《方法谈》，这是他公开发表的第一部著作，也是他一生最伟大的著作。

在《方法谈》的附录中收录了笛卡儿的3篇重要论文——《屈光学》《气象学》和《几何学》，其中《几何学》一文介绍了经过他千锤百炼形成的坐标几何思想。虽然在荷兰隐居期间，通过通信，他传播了许多数学思想，《几何学》却是他写的唯一的数学著作。

笛卡儿毕生致力于寻找一种"包含代数和几何两门学科的好

处且没有它们的缺点的方法"来解释自然现象，他正是在这种背景下发明了解析几何。

自从欧几里得的《几何原本》问世以来，人们一直把代数限定在研究数值及其关系的范畴内，把几何限定在研究位置和图形的范畴内，代数和几何犹如两座高山被万丈深渊分割。为"数"和"形"架起桥梁，即将代数与几何紧密联系在一起的科学，就是笛卡儿创立的解析几何学。解析几何的基本思想是：在平面上建立起坐标系，坐标系由两条相互垂直、零点重合的数轴构成。确定了坐标系之后，平面上的任何一个点都可以用一对实数来表示它的位置，反之任何一对实数也可用一个平面上的点来表示。这样一来，图形和位置关系的研究就可以通过曲线方程转化为对数量关系和计算问题的研究。从此，代数问题有了几何直观的解释，而几何的直观形象更有利于人类理解数学问题。

笛卡儿是怎样产生坐标几何的思想的呢？据说是在1619年的夏天，笛卡儿因病住院，他正躺在病床上苦苦思索着一个数学问题，无意中看见在木条嵌成正方形的天花板上，有一只苍蝇从一个地方飞到另一个地方，他发现要说出这只苍蝇在天花板上的具体位置，只需要说出苍蝇所在正方形是在天花板上的第几行和第几列。当苍蝇落在第四行第五列的正方形上时，他可以用（4，5）来表示这个位置……由此，他联想到可用类似的办法来描述一个点在平面上的位置。他高兴地跳下床，却不小心将被子上的国际象棋撒了一地。望着掉在地上的棋盘，他兴奋地一拍大腿："对，对，就是这个图。"

笛卡儿的这些成就，为后来牛顿、莱布尼茨发现微积分，为

17世纪之后数学突飞猛进的发展开辟了广阔的道路。

公主和女王

1641年秋天起，笛卡儿住在荷兰境内靠近海牙的一个安静的小村子里。被放逐的伊丽莎白公主，也和她的母亲乡居于此。公主酷爱学习，天赋也不错。在跟随笛卡儿学习之前，她掌握了6门外语，阅读了大量文学著作。当读到笛卡儿的著作时，她深深感到笛卡儿的数学和科学正是她所追求的。于是，她安排了与这位哲学家的会面。

两人相见之后彼此都有好感，伊丽莎白希望笛卡儿能给她上课。笛卡儿便给她讲授他的哲学和解析几何，他像父亲对待孩子般喜欢伊丽莎白，并公开宣称伊丽莎白是他所有学生中唯一完全懂得他的著作的人。

伊丽莎白离开荷兰后，一直与笛卡儿保持通信，直至他去世。

1646年，笛卡儿在荷兰的埃赫蒙德过着愉快的隐居生活，他喜欢沉浸在自己的思想中，或者侍弄心爱的小花园，与欧洲的学者们通过信件交流思想。解析几何已经问世了，但他仍旧思考着数学。他将芝诺的阿喀琉斯和乌龟的问题当作消遣研究。此时，他已年过半百，举世闻名了。他正享受着他终生追求的安宁和平静。

不幸的是，瑞典的克里斯蒂娜女王已经知道他了。

这位年轻的精力旺盛的女王刚满 19 岁，她有着伐木工人般结实发达的肌肉，是个极好的骑手和无情的猎人。她像一只冬眠的青蛙，似乎毫不畏惧寒冷，能在瑞典寒冬腊月不生火炉的图书馆里，一动不动地坐上几个钟头。她的随从一边冻得直打哆嗦，一边讨好似的请求她把所有的窗户打开，让"令人愉快"的雪花飘进来。她一天只需要 5 个小时睡眠，吃得很节省，却精力旺盛得可怕，那些拍马屁的官员不得不一天 19 个小时在她面前杂耍似的蹦蹦跳跳。她对虚荣的渴望超过对知识的追求，在看到笛卡儿的著作时，她就打定主意，要让这位爱睡懒觉的大哲学家来当自己的老师。

笛卡儿如果没那么势利，也许就能抵挡克里斯蒂娜女王的奉承，这样他就能安然享受平和的生活直到 90 岁。可是，他的抗争只持续到 1649 年春天。

女王派瑞典海军上将弗莱明驾船来接他，一整船的军士任由笛卡儿调遣。他原本想回法国为祖国服务，但那时正值法国内战爆发，教会对他爱搭不理。笛卡儿深深感到失落，到了 10 月，他妥协了。他最后依依不舍地环视了一次他的小花园，锁上门，就此永远离开了埃赫蒙德。

笛卡儿在斯德哥尔摩受到了庄严盛大又热烈的欢迎。他没有住进王宫，而是选择住在法国大使沙尼特家里。原本一切都非常顺利，但克里斯蒂娜忽然冒出了一个念头：让笛卡儿一周三天，每天早晨 5 点开始为她授课。

可怜的笛卡儿不得不舍弃他父亲和沙莱神父从小保护他、为他养成的晚起的习惯，从暖烘烘的被窝里钻出来，在北欧瑞典的猎猎寒风中爬进专门来接他的马车，穿过斯德哥尔摩萧瑟多风的广场，赶往王宫。在那儿，克里斯蒂娜已经不耐烦地坐在冰冷的图书馆里，等着她的哲学课在早晨 5 点钟准时开始。

更不幸的是，笛卡儿试图在下午补补觉，女王也毫不犹豫地剥夺了这项权利。她总有各种各样的奇思妙想需要与笛卡儿一起探讨，这其中的很多事情跟哲学并没什么关系。笛卡儿此时才发觉自己捅了个马蜂窝，而迟钝的女王根本没发现早起对新老师的伤害有多大。

笛卡儿试图摆脱这一困境。女王却下令封给他一块地产，让他彻底成为瑞典人，以平息国内关于"外国影响"的流言蜚语。笛卡儿太过于敬重王室，竟然没能回绝封赏。

其实，虽然劳累，但如果女王的学业能有所进步也是不错的。可事实并非如此，笛卡儿无意中发现自称古典学者的克里斯蒂娜竟然还没能完全掌握希腊语的语法，而这种简单的语法，笛卡儿在孩童时期就自学完成了。从那以后，笛卡儿对女王就没那么恭敬了。有一次，克里斯蒂娜要求他为宫廷庆典排出一出芭蕾舞剧来款待客人，笛卡儿坚决拒绝了。

不久，沙尼特患了非常严重的肺炎，笛卡儿悉心照料他。然而沙尼特康复了，笛卡儿却染上了同样的病。女王惊慌了，派来了医生。但笛卡儿病糊涂了，分不清谁是朋友，谁是讨厌的家伙，把所有人轰出了房间。他的情况越来越糟，最后他同意让一名医生给他放血治疗，这几乎要了他的命。

笛卡儿最终于 1650 年 2 月 11 日因肺炎去世了，享年 54 岁。

刚愎自用的克里斯蒂娜伤心极了，她严苛的待师之道终于击垮了笛卡儿脆弱的健康。17 年后，笛卡儿的遗骨回到了法国，并在巴黎先贤祠被重新安葬。本来要为他的遗体回归举行公开演讲的，但国王匆匆下令禁止，因为笛卡儿的学说仍然被认为太激进，不能在公众面前宣讲。为此，雅可比说："占有伟人们的骨灰，通常比在他们活着的时候占有他们本人更方便。"

笛卡儿死后不久，他的书终究没有逃过被教会列入《禁书目录》的命运，而教会在这些书的作者还活着的时候，曾经接受了红衣主教黎塞留的开明建议，允许它们出版。显然，言行一致这种优良品质从来不会在这些所谓虔诚的教徒身上保留太久。

3
费马
Pierre de Fermat

我已经发现大量极其美妙的定理。

——P. 费马

并不是所有的丑小鸭都能变成白天鹅，所以费马可以当之无愧地被称为17世纪最伟大的数学家。当然，这需要把牛顿排除在外，因为他一生有1/3的时间生活在18世纪，而费马完全属于17世纪。费马一生繁忙而平凡、现实，他的正职是一名律师、一名议会议员，数学只是他的业余爱好，因此他又被称为"数学业余爱好者中的王子"。费马掀起了数学界寻找亲和数的热潮，开创了数论新格局，对微积分、解析几何、概率论均有卓越贡献。

纯数学是他的消遣

和费马相比，牛顿只是把数学当作探索科学的一种工具，他的主要精力都在科学探索上。一提到牛顿，人们首先想到的通常是万有引力定律和三大运动定律，这两大发现奠定了此后三个世纪里物理世界的科学观点，并成为现代工程学的基础。他论证的开普勒行星运动定律与他的引力理论间的一致性，为太阳中心说提供了强有力的理论支持，并推动了科学革命的发展。

费马则不然，他虽然在将数学应用于光学方面也做出了不少亮眼的工作，但纯数学对他更具有吸引力。

牛顿发明的微积分，令其作为一个纯数学家的声望达到了顶点，另一个为微积分做出卓越贡献的是莱布尼茨。然而，费马在牛顿出生前 13 年、莱布尼茨出生前 17 年，就已经形成和应用了微积分的主要概念和方法。他在 1637 年的手稿《求最大值和最小值的方法》中，给出求函数最大最小值和求曲线的切线的方法，也就是微分学的方法。由于他和帕斯卡都求得过前几个自然数 m 次幂的和，他也就解决了幂函数积分问题。他还把幂指数推广到分数和负数的情况，这就能计算双曲线围成的面积。这说明他掌握了积分的方法。可惜费马在微积分和解析几何方面的著述都是在他去世以后才由他儿子整理发表的，这削弱了他在当时本应能够发挥的巨大影响。当然，他对微积分应用方法的讲解过于复杂，没能像莱布尼茨那样，把微积分的方法归结为一套普通人也能理解的理论。不过，这并不能否认费马在数学方面的杰出贡献和超乎常人的天赋。

至于笛卡儿和费马，他们各自完全独立地发明了解析几何，并且旗鼓相当。不同的是，笛卡儿主要专注于各种各样的科学研究，包括哲学、天文学，他的著作包含的学科种类也十分繁杂。费马则从来没有像笛卡儿那样，为探究上帝、人和宇宙的辩论哲学所吸引。他的人生既没有曲折坎坷的戏剧性冲突，也没有太多逸闻趣事。费马跟芸芸众生一样，过着为生计奔波、平凡又平淡的生活。这也让他能自由地把业余精力奉献给自己最喜欢的纯数学，而这项学问在他眼里既不是终生追求的极致目标，也不是非做不可的枯燥工作，这只是他的消遣。所以，费马是个当之无愧的数学天才，他仅用"业余"和"兴趣"就完成了少有人登顶的伟大工作——奠定了数论的基础。

费马和帕斯卡一起创立了概率论，两人是老朋友，有着极亲密的友谊，常年保持着书信往来。

费马一生平凡、勤勉，生活过得十分安稳平静，但是他得到了很多东西，也给予了这个世界许多宝贵的财富。

他的父亲多米尼克是位皮革商人，还是法国西南部小城博蒙的第二领事。母亲克莱尔·德隆出身于议会律师的家庭。皮埃尔·费马于1601年8月17日诞生于博蒙-德洛马涅，他从小在家乡小城接受教育。后来为了担任公职，来到法国南部城市图卢兹学习法律。他一生安分守己，不爱抛头露面。由于缺少一位像帕斯卡的姐姐吉尔伯特那样的人来给后代讲述他童年的奇迹，少年时代的费马除了是一名学生，没有别的记载流传下来。当然，从他获得的成就来判断，他在少年时代一定聪明绝顶，并且具有惊人的直觉。他在数学，特别是数论上异于常人的成就，完全属于天赋异禀，跟学校教育几乎没有任何关系。因为在费马还是一名学生的时候，他从未有一丝一毫涉足数学或科学研究工作。

这其实是由当时的时代背景造成的。在17世纪的法国，男子最风光的职业是当律师，因此男子学习法律是当时的流行趋势。讽刺的是，法国为那些有钱而缺少资历的青年男子尽快成为律师创造了一条捷径——买卖官职。这使许多中产阶级从中受惠，费马也不例外，他在大学毕业前，就在博蒙－德洛马涅买好了"律师"和"参议员"的职位。

在费马的世俗生活里，30 岁那年是他的高光时刻。1631年 5 月 14 日，费马在图卢兹就职，任晋见接待官；同年 6 月 1日，他与他母亲的表妹路易丝·德隆结婚。他们生了三个儿子、两个女儿，其中一个儿子克莱芒－萨米埃尔成了费马的科学执行人，而两个女儿都当了修女，进了修道院。1648 年，费马升任图卢兹地方议会的议员，他在这个职位上体面正直、兢兢业业地干了 17 年。在他担任官职的 34 年里，费马没有做出什么让人称道的突出政绩来，但他称得上一位为人厚道、公正廉明的好官员。

1665 年 1 月 12 日，费马在卡特雷城去世，终年 64 岁。直到离世前两天，他仍孜孜不倦地在工作岗位上恪尽职守。

如果一定要追问费马有什么故事可讲，他可能会这样说："故事吗？上帝保佑你，先生！我没有什么故事。"

然而，事实真的是这样吗？

数学史上极其美好的故事之一：微积分

这个平凡度过一生，诚实、和气、谨慎、正直的人，其实有着数学史上极其美好的故事之一。

费马的故事就是数学，数学也是他的消遣。有人好奇：费马身负公职，每天被琐碎的俗务缠身，他是如何完成那些烦琐又深奥的数学工作的呢？其实，费马的议员工作对他的数学研究有益而无害。因为议院评议员和其他公职不同，任职的要求就是减少不必要的社交活动，避开过于熟识的人，以免在履行职责时因受贿或其他原因腐化堕落。如此一来，费马就拥有了大量的空闲时间。

16、17世纪，微积分是继解析几何之后最璀璨的明珠。众所周知，牛顿和莱布尼茨是微积分的缔造者。但在此之前，至少有数十位科学家为微积分的发明做了奠基性工作，其中就有费马。

曲线的切线问题和函数的极大值、极小值问题是微积分的起源之一。这项工作较为古老，最早可追溯到古希腊时期。阿基米德的穷竭法由于太烦琐笨拙而逐渐被人遗忘，直至16世纪才又被重视。由于约翰尼斯·开普勒在探索行星运动规律时，遇到了如何确定椭圆形面积和椭圆弧长的问题，无穷大和无穷小的概念被引入，并代替了烦琐的穷竭法。这种方法并不完善，却为后来的数学家开辟了广阔的思考空间。1628至1629年，费马在此基础上建立了求切线、求极大值和极小值，以及定积分的方法。但直到10年后这个方法才公开，当时他通过梅森神父把这个方法的一份说明送给了笛卡儿。

虽然费马本人把研究极大和极小的问题作为消遣，但他没有把时间浪费在毫无意义的事情上。他自己就把极大、极小的原理应用于光学，实际上这个发现在科学应用上的形式多种多样，并且适用范围十分广泛。

例如在力学中，拉格朗日发现在一个问题中有某个需要考虑物体位置（即坐标）和速度的"函数"，当对函数求极值时，它就会给我们提供所谓系统的"运动方程"，而这些方程反过来又可用来确定在每一个给定时刻的运动状态，即仅凭"运动方程"就可以完全描述这个运动。1916 年，希尔伯特在广义相对论中也发现了一个这样的函数。其实，在物理学中有很多这类函数，而每一个符合问题的函数必须是可导（可求极值的）函数，且每一个函数都概括了数学物理学中一个广阔的分支。

从 1926 年开始，人们就已经发现费马研究的极大和极小问题是量子理论的萌芽，它在数学方面被称为"波动方程"。费马发现了"最小时间原理"，不过称它为"极值"（最小或最大）比称它为"最小"要更准确些。

1934 年，L. T. 莫尔教授在他写的《牛顿传记》中记述了一封未被人们注意的信。信中，牛顿详细描述了他是如何从费马画切线的方法中得到微分法的启示的。

解析几何的另一个维度：费马

费马和笛卡儿各自独立地发明了解析几何，他们研究解析几何的目的和方法明显不同，却共同构建了解析几何这门学科的不同维度。

费马着眼于希腊人的思想，认为自己的工作只是用代数形式来表达希腊几何学家阿波罗尼奥斯关于圆锥曲线的研究。1629

年以前，费马着手重写阿波罗尼奥斯失传的著作《平面轨迹》，他用代数方法对原作者关于轨迹的一些失传的证明做了补充，并对古希腊几何学，尤其是阿波罗尼奥斯的圆锥曲线论进行了总结和整理，同时对曲线做了研究，并于1630年用拉丁文撰写了论文《平面与立体轨迹引论》，这比笛卡儿建立解析几何早了7年。

1636年，费马与当时的大数学家梅森和罗贝瓦尔开始通信，并逐渐加入包括笛卡儿在内的学术讨论圈子。这个民间学术组织叫作"梅森学院"，他们经常讨论数学、物理等问题。于是，费马经常与笛卡儿讨论解析几何的问题。

与费马相反，笛卡儿批评希腊的传统，主张与它决裂。虽然他真正认识到了代数的威力，可是他更着重于几何作图问题。费马则强调轨迹的方程，他在《平面与立体轨迹引论》一文中写道："两个未知量决定的一个方程式，所对应着的轨迹是一条直线或曲线。"费马和笛卡儿的研究正是解析几何基本原则的两个相对的方面。除此之外，费马还对一般直线和圆的方程，以及双曲线、椭圆、抛物线和圆的方程进行了讨论。

在对曲线进行分类的时候，费马纠正了笛卡儿的一个错误。他指出：对曲线分类应该根据方程的次数而不是其他，如一次方程表示直线，二次方程代表圆锥曲线。笛卡儿和费马在学术上的分歧导致双方长期激烈的争论。在争论中，笛卡儿常常意气用事，语言尖刻。

由于费马在人文领域有着独特的学识，他对欧洲地区的主流语言和欧洲大陆的文学都了如指掌，他订正了希腊和拉丁哲学中几个重要内容；他具备那个时代绅士们的素养之一——用拉丁文、法文、西班牙文写诗，并展露出熟练的技巧和卓越的鉴赏能力。费马在语言上的成就，容易让人对他形成刻板印象，笛卡儿就讽刺他说："费马先生是个加斯科涅人，我可不是。"这里提到的"加斯科涅人"代指那些喜欢吹牛又自负的人。幸亏这位大律师是一个和蔼的人，不会因受到批评而发怒或生气。后来他俩的关系有所缓和。1660年，费马写了一篇文章，在指出笛卡儿的《几何学》中的一处错误的同时，诚恳地说自己有多么佩服笛卡儿的天赋，即使他有错误，他的工作也比别人没有错误的工作更有价值。可惜已经去世的笛卡儿听不到这样的评价了，如果他能听到，也许易怒的性格会有所改变。

一生中最伟大的工作

费马一生中最伟大的工作就是数论，也称为"高等算术"，又或者可以用高斯喜欢的名称——算术。

今天小学教科书中"算术"的内容，在希腊时代被分成不同的两部分：算法和算术。前者一般是有关贸易和日常生活中应用的计算；后者就是费马和高斯所钻研的算术，他们致力于去发现数的性质。

算术看起来似乎很简单，1、2、3、4、5……这些数在我们差不多刚会说话的时候就由父母反复教导，人们对正整数的研究也有很长的历史，但是那些未曾解开的奥秘仍然悬而未解，这也能说明算术其实非常难。为了能够解决算术问题，数学家发明了代数和许多微妙而深奥的定理，让人们更容易去理解算术。他们建立的全新的数学概念和普遍有效的数学方法，构成了庞大的分支体系，其中包含浩瀚如海的数学定理。然而，这些概念将算术这个原始发端问题深深掩盖了起来。

这些导源于"朴素的"算术问题的新数学常常同物理世界有密切的联系，并且可以被应用在数学中的某个特定领域，特别是计算数学。说到数论对数学乃至科学技术的影响，每个算术问题的解决，都可大量应用到数学的其他领域乃至科学界，从而对整个人类社会起到巨大的积极作用。

于是，费马认为算术被人们忽视了。他抱怨说，没有什么人提出或者懂得算术问题。他相信，算术有它自己的特殊园地：整数论。他的辛勤劳动为算术奠定了基础，并且决定了算术在高斯以前100多年的发展方向。

要了解费马对算术的贡献，就要从他关于素数的一个重要陈述说起。所谓素数，就是任何比1大，且只能被1和它本身整除的整数，例如3、5、17、257、65537……

它们又可以表示为：

$$3=2^1+1，5=2^2+1，17=2^4+1，257=2^8+1，$$
$$65537=2^{16}+1$$

于是费马就猜测：所有形如$2^{2^n}+1$的数，都是素数。不过，费马坦率地承认，自己不能证明这个命题。事实上，他后来也对这个命题的正确性产生了怀疑。在费马去世 67 年后，欧拉证明了 n=5 时，$2^{2^5}+1=2^{32}+1=4294967296+1=4294967297=641 \times 6700417$，所以不是素数。

近 200 年后的 1796 年 3 月 30 日，一位 19 岁的德国青年卡尔·弗雷德里希·高斯解决了一个同初等几何有关的问题：用圆规直尺作出一个正十七边形。这是 2000 多年来许多数学家竭力追求的目标。他同时还证明了：当多边形的边数是素数或是不同的素数乘积，用圆规直尺作边数为奇数的正多边形才是可能的。这就是说，可以用圆规直尺作出正三边形、正五边形、正十七边形、正二百五十七边形，或正十五（3×5）边形、正五十一（3×17）边形……但是不能作出正七边形、正九边形等。这个成就使高斯异常振奋，以至于放弃了他同样喜爱的语言学，选择数学作为自己终生为之献身的事业。

除了素数，费马和笛卡儿还在数学界掀起了寻找亲和数的热潮。所谓亲和数，是指两个正整数中，彼此的全部约数之和（本身除外）与另一方相等。毕达哥拉斯曾说："朋友是你灵魂的倩影，要像 220 与 284 一样亲密。"

17 世纪前，人们都还认为自然数里仅有一对亲和数：220 和 284。有人甚至给亲和数抹上迷信色彩，编造了许多神话故事。

然而，到了 1636 年，费马找到了第二对亲和数 17296 和 18416；两年后，笛卡儿宣布找到了第三对亲和数 9437506 和 9363584。

费马最杰出的贡献则是费马小定理和费马大定理。

所谓"费马小定理"，是费马在数论中另一种类型的发现，它是通过费马于 1640 年 10 月 18 日给好朋友倍西写的信传出去的。这个定理说，如果 n 是任意整数，p 是素数，那么 n^p-n 就可以被 p 整除。举例来说，取 p=3，n=5，$5^3-5=120$，可以被 3 整除。

数论上有的定理被认为是"重要的"，而有的定理好不容易才证明出来，却被认为是"无关紧要"的。这是为什么？要说明其中的道理并不容易。首先一个标准——当然不是绝对的——是它可以应用于数学的其他分支；其次是它对数论或别的数学研究有启发作用；再次，它本身在某些方面具有普遍性。费马小定理符合所有这些要求，它为许多重要的数学研究提供了启示，甚至成为某些研究的直接起因。

现在，我们任何一个人，哪怕是个小学生，也可以对费马小定理进行验算，并证明它的正确性。但发现者简直凤毛麟角。在此，引用高斯的一段评论：

"高等算术给我们提供了无穷无尽的有趣事实——也是真理，它们不是孤立的，而是有着密切内在联系的，随着我们知识的积累，我们不断地在二者之间发现新的，有时是完全出乎意料的联系。高等算术的定理的很大一部分就是从这样一个特性中得到了附加的魅力：有着简单特征的重要命题经常很容易用归纳法发现，然而这个特征是如此深奥，我们只有在经过了许多徒劳的努力以后才能找出它们的证明；甚至当我们确实成功了，也通常是通过一些令人生厌的矫揉造作的过程证明的，而更简单的方法可能在长时间内无法找到。"

缺少研究整数经验的人，对等式27=25+2可能没有什么感受，但是稍有经验的人就会想到$27=3^3$，$25=5^2$。因此，方程$y^3=x^2+2$的唯一整数解就是x=5，y=3。

方程$y^3=x^2+2$是一个不定方程，因为未知数有两个，而方程只有一个。如果不限制方程的解必须为整数，解这类方程没有任何困难。任意给x一个值，y就是x^2+2的立方根，所以方程的解有无限多个。

公元3世纪，古希腊数学家丢番图首先提出求这种不定方程的整数解或有理数解，于是问题就变得非常困难了。费马说他证明了上述方程只有唯一的整数解，可是没有公布他的证明。他去世后不久，人们找到了他的证明。科学史研究证实，在1994年以前，除了赫赫有名的"费马大定理"，凡是被费马肯定过的命题，都被正确地证明了。

1621年，费马在工作之余读到了丢番图《算术》的拉丁文译本，这本书标志着古希腊代数的最高峰。费马有个习惯，他在看书的时候喜欢把思考的结论简要地旁注在书的空白处。后来，他的儿子在1670年出版了著名的《页端笔记》。在《算术》第二册上的第8个问题，也就是在毕达哥拉斯定理引出的求方程$x^2+y^2=z^2$的有理数解的旁边，人们看到费马用拉丁文写了如下一段注解：

"相反，不可能把一个立方数分为两个立方数的和，一个数的四次方不能分为两个四次方数的和；一般说来，高于二次的任何次幂，都不能分为两个同次幂的和。我想出了这个论断的一个真正奇妙的证明，只是这里的空白太狭小，不容我把它写下来。"

这就是费马大约在1637年发现的、引起历史上大大小小的数学家注目的费马大定理。用数学语言表述就是：正整数n>2时，方程$x^n+y^n=z^n$没有正整数解，当然也就没有有理数解。

人们没有见到费马那个绝妙的证明，只是见到他对n=4时证明的大意。后来欧拉作出了n=3和n=4的证明；1823年，勒让德证明了n=5的情形；1849年，库默尔引入全新的理想数概念，证明当n=37、n=59、n=67时，费马大定理成立。根据他的理论，n<100时，费马大定理成立。到20世纪80年代，通过电子计算机证明了n<125000时结论成立。当然n取上述所有整数的整数倍也都成立。但是这无限多的情形，还不是大于2的一切整数。300多年来，不计其数的优秀数学家付出了艰巨的劳动，还是没有找到问题的答案。20世纪有"神童"之称、创立"控制论"的卓越数学家维纳，在试图证明费马大定理的时候感叹："每次我所假设的论证都像愚人金一样，很快就令人失望了。"大名鼎鼎的数学家勒贝格曾经发表过对费马大定理的证明。起初许多人以为这个大难题果真被这位分析大师解决了，但是后来有人指出他的证明中有错误，这真有点令人扫兴。勒贝格认为，他可以消除这个错误，可惜他最终并没有成功。无数大数学家花了大量心血都没有作出正确的证明，这使不少数学家怀疑费马发现的绝妙证明是不是搞错了。

终于，1994年，英国数学家安德鲁·怀尔斯经过9年的努力，证明了费马大定理。他证明费马大定理的论文《模曲线和费马大定理》于1994年10月14日送交普林斯顿的《数学年刊》。一周前，他和他的学生泰勒合作的论文《海克代数的环论性质》已经寄去审查，这是证明上述定理不可缺少的工具。1995 年 5 月《数学年刊》一同发表了这两篇论文，从而宣布困扰数学界 350 多年的费马大定理已被一举攻克。怀尔斯的证明运用了 20 世纪代数几何与代数数论的一系列研究成果，显示了现代数学体系的巨大力量。

4

帕斯卡
Blaise Pascal

我们知道概率论实际上只是计算的常识；它使我们
精确地评价有理智的头脑出于某种直觉而感觉到的
东西，往往无法说清其原因……值得注意的是，这
门起源于靠碰运气取胜的游戏科学，竟然成了人类
知识最重要的一部分。

——P. –S. 拉普拉斯

布莱瑟·帕斯卡称得上英年早逝，他比同代人笛卡儿年轻27岁，却仅比笛卡儿晚逝世12年，脆弱的身体状况始终折磨着他天才般的大脑。他幼年丧母，两个姐姐在他一生中起到了至关重要的作用。帕斯卡在物理学、数学和哲学方面都有出色的贡献，他和费马通过赌博这项游戏创立了概率论，并且为了帮助父亲计算税款研制了第一台计算机的雏形。他原本可以成为更伟大的人，然而，帕斯卡没有好好珍惜他的天赋，他对数学研究探索的意志远没有与他处于同时代的其他数学家坚定。概率论是他与费马共同创立的，而费马其实能够单独完成这项工作；他拥有神童般的智力，却是笛卡儿为他提供了几何方面的创造性思想。笛卡儿在实验科学上比帕斯卡缺少想象力，可笛卡儿目的坚定而纯粹。真正阻止帕斯卡登上数学巅峰的正是他对宗教近乎狂热的执着，他将一生倾注在对《新约全书》中两个故事的评注中，埋没了自己惊人的天赋。然而宗教侵蚀了他的思想，洗脑般地将他拖入了中世纪的黑暗。

数学神童降世

布莱瑟·帕斯卡被世人熟知主要是通过两部文学杰作——《思想录》和《路易斯·德·蒙塔尔特致他的一位外省朋友的信》(国内通常翻译为《致外省人信札》)。西方社会在介绍帕斯卡的时候,通常着重展示他在宗教方面的才华,而忽略他的数学成就。在此,我们要做一件相反的事——把帕斯卡当作一名很有天赋的数学家,他的智慧会比他在宗教方面的更加辉煌,他的成就会令整个世界震惊、瞩目。

布莱瑟·帕斯卡于 1623 年 6 月 19 日出生在法国奥弗涅的克莱蒙,他的父亲艾蒂安·帕斯卡是当地审理间接税案件的最高法院院长,同时是一位数学家和拉丁语学者。母亲安托瓦妮特·贝贡在布莱瑟 4 岁时就去世了,他还有两个美丽聪慧的姐妹——吉尔伯特和雅克利娜。母亲过世后,帕斯卡的饮食起居和教育引导都由两姐妹负责,尤其是雅克利娜,她对帕斯卡的人生起到了举足轻重的作用。

7 岁时,帕斯卡随他的父亲和姐妹一起从克莱蒙迁居到巴黎。此时,父亲也开始注重对儿子的教育工作。帕斯卡是个极其早熟的孩子,他从父母那里继承了聪慧的大脑和一个极差的体格,这为他英年早逝埋下了种子。他的两个姐妹也具有超出常人的天赋,雅克利娜更有天赋,她与哥哥是同一类型的人,因此她也变成了病态宗教狂热的牺牲品。

帕斯卡轻松自如地就掌握了古典文学,这让父亲大为吃惊,并试图让这孩子适当放慢学习的进度。因为根据当时的理论,年轻的天才可能会因用脑太多而过于劳累，这对于体弱多病的帕斯卡可没有半点好处，而需要大量脑力的数学更是禁忌中的禁忌。因此，父亲开始严禁帕斯卡接触数学。

谁知"弄巧成拙"，艾蒂安对数学讳莫如深，对于儿子询问的关于数学的问题一概避而不答，这反而激起了帕斯卡强烈的好奇心。12岁时，布莱瑟询问父亲几何是怎么回事，老帕斯卡实在禁不住儿子反复求问，便为他做了一番生动的描述。这仿佛推开了一扇光芒普照的大门，帕斯卡的心被深深触动了，他像只活泼的小兔子奔进数学的世界，打算用自己的智慧一窥其中的奥妙。

帕斯卡开始学习几何学时发生的事情，成了众多数学神童的传说之一。需要说明的是，数学界的神童并不像人们认为的那样总会中途变得平凡无奇。实际上，很多数学上成就伟大的人，都是在孩童时期就展现出了惊人的天赋。帕斯卡作为一名数学神童，他的陨落不是因为日益增长的年龄，而是因为受到了宗教迷信的荼毒。帕斯卡的智力和能力一生都超群绝伦，他只是自己放弃了对数学的追求。不过这些都是后话了，我们先来看看帕斯卡锋芒初露之时的成就吧。

帕斯卡第一个惊人的成就是证明了一个三角形的内角和等于两个直角，即180°。他没有从任何书本上得到提示，完全依靠自己的创造力作出了这个证明，这一了不起的成就给了他极大的鼓舞。

老帕斯卡高兴地发现，他养育了一个数学家。于是，他给了儿子一本欧几里得的《几何原本》。帕斯卡把这本书当成娱乐似的一口气读完了，从此以后他用研究几何取代了做游戏。然而，一件极为神奇的事情发生了。帕斯卡之前证明的"三角形三内角之和等于两直角",恰好是《几何原本》的第 32 个定理。换句话说,帕斯卡在阅读欧几里得的大作之前就独自完成了第 32 个定理的证明。

于是,帕斯卡的姐姐吉尔伯特便宣称她的弟弟独自发现了《几何原本》的前 32 个命题,并且连顺序都跟欧几里得的一模一样。当然,这个说法可信度不高。因为今天的我们知道,欧几里得根本没有证明他的前 4 个命题,所以帕斯卡不可能复现欧几里得的推论。不过,吉尔伯特应该不是故意说谎的,毕竟有个天才弟弟,谁都会忍不住夸耀。

两年后,帕斯卡 14 岁,被允许参加由梅森主持的星期科学讨论会——由费马、罗贝瓦尔、德扎尔格等人组成的学者小团体,笛卡儿在荷兰也与他们保持通信讨论。这个小团体后来发展为自由学院,到 1699 年演变为法兰西科学院。

射影几何鼻祖

在小帕斯卡自己迅速地成为一个几何学家的同时,他的父亲却遭遇了事业的低谷期——他得罪了教皇。由于一贯的诚实和正直,老帕斯卡在一桩强行征税的事情上,反对红衣主教黎塞留的看法。

因此,在红衣主教的盛怒之下,老帕斯卡丢了饭碗,只能带着一家人躲藏起来,直到这场风波过去才再次露面。据说,老帕斯卡之所以能东山再起,是因为雅克利娜以匿名的方式参加了一出为黎塞留演出的戏，红衣主教被她可爱迷人的表演迷住了，一问之下才知道这是他一个微不足道的政敌的女儿。于是，黎塞留决定不计前嫌，宽恕了帕斯卡全家。老帕斯卡在法国北部城市鲁昂的税务局重新得到了一份工作，一家人便跟随他在鲁昂安顿下来。

帕斯卡在这里遇见了悲剧作家高乃依，这孩子在数学方面的天赋给高乃依留下了很深的印象。而高乃依万万没有料到，年轻的帕斯卡还会成为法国散文的伟大创造者之一。

在这期间，帕斯卡不间断地学习。1639 年，帕斯卡提出了整个几何领域中极其美妙的定理之一——帕斯卡定理，一位 19 世纪的数学家西尔维斯特将其称为"挑绷子"游戏。这个定理只需要一把直尺就可以证明，它说的是"一个圆锥曲线内接六边形，其三对对边的交点共线"。

这个定理的介绍如下：

设有 l 和 l' 两条不平行的直线。在它们上面各任意取三点 A、B、C 和 A'、B'、C'。分别把 A 和 B'、A' 和 B、B 和 C'、B' 和 C、C 和 A'、C' 和 A 连接起来，就得到三对直线：AB' 和 $A'B$、BC' 和 $B'C$、CA' 和 $C'A$。如果每对相交直线都有一个交点，设它们分别为 D、E、F，则 D、E、F 三点必定在同一条直线上。

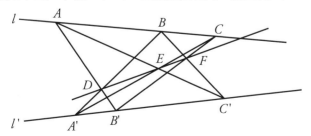

进而把这三对直线换成圆内接六边形的三对对边，帕斯卡又证明了：如果这些对边的延长线分别相交，那么，它们的交点也在同一条直线上。他把这种六边形称为"神秘六边形"。

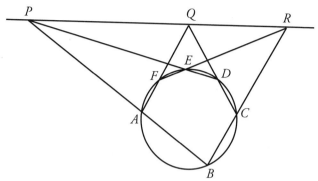

这个奇妙的定理最奇妙之处在于，它竟然是由一个 16 岁的孩子发现并证明的。在德扎尔格的鼓励下，帕斯卡将他的发现写在了《关于圆锥曲线的短论》中，这里面有不少于 400 个关于圆锥曲线的命题，这其中包括阿波罗尼奥斯和前人的一些工作。为了证明这些定理，帕斯卡参考了德扎尔格的投射法。

设想一只灯泡被一张开了一个小孔的纸遮住，于是，通过小孔射出一束圆锥状的光线。如果取一张纸伸到这束光线里去，那么根据纸片角度的变化，在纸上可以看到光束的边界呈现不同的图形：圆、椭圆、抛物线和双曲线。这些都是圆锥曲线。帕斯卡发现，上述定理中，圆内接六边形的这种性质，如果把圆换成其他的圆锥曲线，例如椭圆，同样是正确的。这在直观上并不难接受。从下图可以看出，如果在光束和纸片之间插进一块玻璃，在玻璃上画一个"神秘六边形"，当光束穿过玻璃投射到纸面上的时候，显现的就是"神秘六边形"的影子。这影子也是一个"神秘六边形"，因为它的三对对边的交点也在一条直线上。

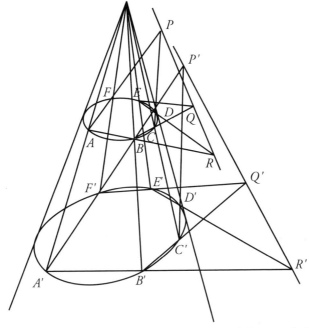

　　然而，《关于圆锥曲线的短论》并没有出版，后来竟丢失
了。1779年，其中的一篇被找到了，只有短短8页，德国数学
家莱布尼茨看过它的手抄本，还跟帕斯卡的外甥谈起过里面的内
容。笛卡儿在1640年读过这篇论文，可是他不相信，这样出色
的论文竟会出自一个16岁孩子之手。

　　笛卡儿的怀疑并非出于嫉妒或者小气。古希腊时期，人们普
遍认为几何是度量的几何，线段或角度的量值在定理的陈述或证
明中都很重要，因此，亚里士多德将数学称为"量"的科学。但
是，帕斯卡定理完全不同于古希腊几何，帕斯卡几乎废除了这个
定义，他的几何中完全没有"数量"，他开创了一个全新的几何

领域——射影几何。

双重折磨下诞生的压力定理

也许是天妒英才，帕斯卡在取得那些辉煌的成就后，很快就为此付出了很高的代价。他从 17 岁开始，几乎每天都生活在病痛的折磨下。严重的消化不良让他在白天不得安宁，经常性失眠令他常常夜半惊梦。然而，病痛并没能阻断他的创造性工作。

帕斯卡 18 岁时，他的父亲被计算税务的沉重工作压得透不过气来，常常抱着账本计算到深夜。帕斯卡希望父亲能从机械的简单计算工作中解脱出来，于是，他发明了一台由摇柄和齿轮组成的计算机器。每个齿轮有 10 个齿，每个齿代表 1 个数字，10个齿正好可以代表 0—9 这 10 个数字。接着，顺时针摇动手柄，就是加法；逆时针摇动手柄，就是减法。齿轮每转过 10 个齿，就会带动旁边的高阶位齿轮转一个齿，相当于数字进了一位。这就是世界上第一台真正意义上的数字计算机。

帕斯卡原本可以继续这样生活下去，除了不断折磨他的病痛，他的生活充满了奇迹。但是，1646 年，也就是帕斯卡发明计算机后的第 5 年，他经历了由宗教信仰引发的人生第一次巨大转变。

现代人很难理解或重现那种强烈的宗教热情，一种原本虚无缥缈的东西却可以把人折磨得癫狂。但在 17 世纪的欧洲，对宗教的狂热追求使很多家庭分裂，令国家相互攻击，乃至引发战争。如果说笛卡儿迷恋的宗教还能让他产生"我思故我在"的思辨哲学，那么帕斯卡就是完全陷入了近乎"邪教"的痴迷中。

在那个时代，存在着罗马天主教和新教，这两个教派大相径庭，相互攻击。帕斯卡信奉的这个教派叫詹森派，与罗马天主教和新教都不同。它的创立者叫科尼利厄斯·詹森，是个荷兰人。詹森在当上了伊普尔的主教后，认为上帝挑选了他去毁灭当世的那些耶稣会会士，因此必须要"改宗"。詹森派的教义可以总结为两点：一是要求信徒极端狂热地仇恨耶稣会；二是要求信徒们通过各种虐待和折磨自己的方式来表示忠诚。

帕斯卡一家就此沦陷了。

那么，智力超群的帕斯卡为什么会信奉这种毫无科学依据的东西呢？

这就要说到帕斯卡糟糕的身体状况了。限于当时的医疗水平，医生无法帮助帕斯卡解决消化不良和失眠的问题，备受病痛折磨的帕斯卡绝望极了，不得不求助于虚无缥缈的神。詹森派的极端成了他摆脱疾病的救命稻草，从此他便陷入了宗教和病魔的双重折磨。

幸好，年仅23岁的帕斯卡对科学创造的热情尚未完全被宗教泯灭。1648年，帕斯卡在科学上的伟大通过物理学再次绽放光芒。

这个科学史上的重要发现源自家里的老仆人提着满满一桶水进屋。由于木桶破旧，桶的侧壁往外喷水，这个现象吸引了帕斯卡。他喊住老仆人，静静地看着水桶里的水流得满地都是。水全部流完后，他又让老仆人去提水，然后继续观察。一连几天，帕斯卡吃得少、睡得少，但水桶给了他很大的启示，他发现：水桶侧壁小孔离水面越远，压强就越大，水流出的速度也就越快。紧接着，帕斯卡设计制作了一个实验用的木桶，木桶完好无缺，用盖子将桶密封后，在盖子的中心开一个小孔，桶里灌满水后，木桶没有任何异常。此时，再把一根长长的细铁管插到木桶的小孔上，并使接口处不漏水，然后从管子上方倒了几杯水，使管子里的水面升高了好几米，当管内水达到一定高度时，木桶竟然破裂了！

随后，帕斯卡对重力和密闭液体压强的传递等进行了一系列重要实验，发现了著名的关于液压传递的帕斯卡定律。此时，意大利物理学家托里拆利做了一个著名实验，测定一个标准大气压的水银柱高度为760毫米。帕斯卡把它进一步拓展。他叫姐夫佩里耶带着气压计到家乡奥弗涅的多姆山上去测量大气压强。他认为，由于高度升高，气压减小，水银柱的高度应该随着下降。后来帕斯卡和妹妹雅克利娜在返回巴黎的时候也做了同样的实验。

帕斯卡和雅克利娜回到巴黎不久，就与父亲重逢了。老帕斯卡现在迎来了事业的第二次辉煌，担任了省评议员。不久后，笛卡儿拜访了帕斯卡，两人对很多问题进行了讨论，包括气压计。不过，这次拜访并不成功，两人之间的芥蒂更深了。造成这种局面的原因有以下几点：

第一，帕斯卡16岁写就《关于圆锥曲线的短论》时，笛卡儿就公开表示不相信这是一个孩子的手笔。

第二，笛卡儿怀疑帕斯卡从他那里窃取了气压计实验的想法，因为他曾在给梅森的信中讨论过该实验的可能性。而帕斯卡从14岁起就一直在梅森神父那里参加星期科学讨论会。

第三，两人的宗教信仰互不相容。教会在笛卡儿生前一直善意相对，所以笛卡儿热爱教会；帕斯卡信奉的詹森派则要求信徒们仇恨耶稣会会士。

第四，按照雅克利娜的说法，她的哥哥和笛卡儿两人彼此嫉妒。

不过，好心的笛卡儿从保护身体的角度给了帕斯卡一些有益的忠告。他建议帕斯卡学习他的样子，每天在床上躺到11点，这样有助于恢复脆弱的神经；考虑到帕斯卡肠胃不佳，他建议最好除了牛肉汁以外什么也不要吃。可惜的是，帕斯卡无视了这些忠告。

滑向狂热宗教的深渊

1648年，帕斯卡一家回到了克莱蒙。雅克利娜对她哥哥的影响开始显现，她受詹森派的荼毒最深，因而希望进入巴黎的波尔瓦亚修道院当修女，但是被她的父亲断然拒绝。雅克利娜计划受阻，便开始对帕斯卡施加宗教上的压力。

在雅克利娜看来，哥哥还没有完全把自己奉献给上帝，她甚至认为让肠胃不佳的哥哥连续好几个月遵守教中严苛的饮食规定都不算什么。

在家乡，帕斯卡开始创作《思想录》。这是法国文学史上一部自我暴露和自我剖析的不可多得的杰作。从中可以清楚地看到帕斯卡矛盾的性格：他热爱大自然，热爱生活，却也在不自然地压制着这些正当的欲望。为了做到这一点，他只能到怪诞的詹森派的教义中去寻求支持。怪不得心理学家说，乖谬的教义和反常的生理现象是一对难舍难分的孪生兄弟。

帕斯卡在这种境况下度过了两年。1650年，全家人回到了巴黎，父亲在第二年就去世了，帕斯卡成了家族财产的管理人。于是，他满足了妹妹雅克利娜的愿望，让她进入了波尔瓦亚修道院。

1650年，帕斯卡被瑞典女王克里斯蒂娜深深迷住了，他谦卑地请求把他的计算机献给"世界上最伟大的女王"，他穷尽最甜蜜的词汇奉承这位女王。他这种反常的做法也许是出于对笛卡儿的嫉妒，但是克里斯蒂娜并没有邀请他去代替已经过世的笛卡儿。此后，帕斯卡放弃有所节制的生活方式，过了几年更接近正常人所谓的"放荡"生活。在此期间，雅克利娜成了修道院的圣职志愿人，不断动员哥哥也去波尔瓦亚，搅得帕斯卡心绪不宁，思想和精神上矛盾重重。

1654年11月23日，帕斯卡彻底转变的日子到来了。这一天，当他驾着一辆四匹马拉的马车时，马突然奔跑起来。领头的两匹马冲过了讷伊河桥边的栏杆，眼看帕斯卡就要连同马车一起坠入河中，但神奇的事情发生了——马车的挽绳断了，帕斯卡和马车则停在了路上。

帕斯卡本就被夹在宗教的神秘和现实科学的困顿中，这次幸免于难对他来说就是直接来自上天的警告：赶紧在道德的悬崖边勒马，否则就会掉下悬崖，成为不信奉宗教的牺牲品。于是，帕斯卡拿出一小张羊皮纸，在上面写下了这次惊险经历中关于神启的一些感想，并且把这张羊皮纸当作一个护身符，贴胸戴着，以使他免受诱惑，并时刻提醒他：是上帝的仁慈把他这样一个不幸的罪人从地狱的入口处救了出来。

帕斯卡心中关于宗教和科学的天平已经倾斜到了宗教这边，再加上雅克利娜的劝说，帕斯卡决定避开尘世，住进波尔瓦亚修道院。他放弃了自己在数学领域无与伦比的天赋，决定把自己完全埋葬在对"人的伟大与不幸"的沉思之中。此时，帕斯卡31岁。不过，在完全被囚困于宗教之前，他与费马一起做出了一个极其重要的数学贡献——创造了概率的数学理论。

为了不打断对他生平的叙述，关于概率的创造将在下一小节介绍。

帕斯卡在波尔瓦亚修道院的生活安静而有规律，虽然他放弃了对数学的追求，但至少这样的生活对他时好时坏的身体状况很有好处。在波尔瓦亚期间，帕斯卡写出了著名的《致外省人信札》，这部著作是帕斯卡为了帮被指控为异端的詹森派著名人物阿尔诺开释而写的。这些信共有18封，第一封在1656年1月23日发表，据说给了耶稣会会士沉重的打击。

在彻底投入宗教的怀抱后，帕斯卡认为一切科学研究都应该避让，因为这对他探究灵魂有不良影响。不过，他的这个看法又一次在病痛的折磨下改变了。

1658年，顽固的失眠和严重的牙疼折磨着帕斯卡。那个时代，牙科医术还停留在用坚硬的钳子和蛮力粗暴解决问题的阶段。所以，医生无法为帕斯卡提供任何帮助。当他躺在床上无法入睡时，他开始疯狂地想着摆线，那是一种美妙均衡的曲线。

摆线，又称旋轮线、圆滚线，在数学中被定义为：一个圆沿一条直线运动时，圆边界上一定点所形成的轨迹。

1501年，夏尔·布韦勒在化圆为方的相关问题中第一次提到摆线。伽利略和他的学生维维亚尼也研究过它，并解决了在任何点上做出该曲线的切线问题。伽利略认为这种曲线可以应用于桥拱。在钢筋混凝土广泛使用的现代社会，经常可以在公路旱桥上看到这种摆线拱。圣保罗大教堂的建筑师克里斯托弗·雷恩爵士确定了曲线上任意弧的长度和它的重心。而惠更斯证明了摆线是等时曲线，就是说当小珠子放在朝下的摆线上被举起到任何高度时，都会在重力作用下，在相等的时间内向下滑到最低点，进而从机械应用角度入手，把它引入了摆钟的制造。由于摆线美妙和精巧的奇特性质，以及它在数学界引起的无尽争论，摆线又被称为"几何学中的海伦"。这个说法来自古希腊特洛伊的美女海伦，当时各城邦为了她美丽的容貌发动了特洛伊战争。

被牙疼折磨的帕斯卡惊奇地发现，只要他开始思考摆线的问题，牙疼就停止了。帕斯卡把这个现象解释为上帝对他的暗示：想着摆线并不是对神的不尊敬。于是他让自己在这个问题上深入下去，他以阿莫斯·德东维尔的笔名发表了一些关于摆线的发现，这是他数学能力的最后一次闪现，也是进入波尔瓦亚修道院后对科学做出的唯一贡献。

同年，帕斯卡患上了严重的头疼病，每天只能睡一小会儿，那种爆裂似的痛苦折磨剥夺了他一切思考的能力。这样清心寡欲的生活和病痛又折磨了帕斯卡 4 年。

1662 年 6 月，帕斯卡把自己的房子让给了一家患天花的穷人，去和已婚的姐姐住在一起。他大概希望通过这种具有奉献精神的举动引起上帝的怜悯，帮他结束痛苦。同年 8 月 19 日，帕斯卡备受病痛折磨的一生在惊厥中结束，卒年 39 岁。

对帕斯卡尸体解剖的结果显示，他的胃、大脑和其他许多重要器官都有严重病变。尽管如此，帕斯卡对数学和科学已经做出了卓越的贡献，他也在文学史上留下了自己的名字。300 多年后，人们还对他倍加尊敬。

开创概率论

除了"神秘的六边形"，帕斯卡在数学方面开创的另一辉煌便是概率论。

1654 年，帕斯卡和费马共同创立了这个数学理论。引起他们对概率问题探究的是贵族之间盛行的赌博游戏。有一天，喜好赌博的梅雷骑士向帕斯卡请教了一个亲身经历的"分赌注问题"。

梅雷和赌友各自出 32 枚金币，共 64 枚金币作为赌注，双方以掷骰子为赌博方式：如果结果出现 6 点，则梅雷赢 1 分；如果结果出现 4 点，则对方赢 1 分。双方谁先得到 10 分，谁就赢得全部赌注。赌博如此进行了一段时间，梅雷已得 8 分，对方得了 7 分。但这时，梅雷接到紧急命令，要立即陪国王接见外宾，只好中断赌博。那么问题就来了：这64枚金币的赌注应该如何分配才合理呢？

数学家以前没有处理过这类问题。这类现象从个别来看是无规则的，掷出一颗骰子，谁能预料它们出现的点数呢？这种不确定性给研究带来了困难。

这种不规则现象，用数学术语来讲就是随机现象。虽然个别行为看起来没有规则可言，但是通过大量实验和观察，从随机现象的整体来看，有一种严格的非偶然的规律性。一颗骰子掷下去，出现的点数固然无法事先确定，可如果投掷次数大量增加，那么出现某一个点数——比如说6点的机会就非常接近1/6。同样，一个充满气体的密闭容器，容器内每一个气体分子的速度和方向是杂乱的，因而就个别分子来说，它对器壁所产生的压力是不确定的，但是这些气体分子的总体对器壁的压力有其规律性：它们总的压力基本上是一个确定的值。概率论就是从数量上来研究这种规律性的。

为了解决这个问题，帕斯卡和费马进行了大量的通信，这些通信被收录在《费马著作集》中。帕斯卡和费马对问题的解答仅在细节上有所不同，但两人应用的基本原理是一致的。

帕斯卡解决这个问题利用了著名的"帕斯卡三角"，在中国通常将其称作"杨辉三角"，因为帕斯卡的发现比杨辉要迟393年。

帕斯卡三角是二项式系数在三角形中的一种几何排列。它是一个无限对称的数字金字塔，从顶部的单个数字1开始，我们将这一行定义为第零行，下面一行中的每个数字都是上面两个数字的和。如果上面只有一个数字 1，则这个数就等于 0+1=1。

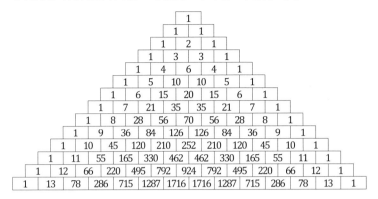

在相互独立的情况下，第 n 行的第 m 个数的数值等于从 n 个不同元素中随机选出 m-1 个元素的不同选择方法的总数量。例如，第 5 行的第 3 个数 10 就是从 5 个不同元素中选出 2 个元素的不同选择方法的总数量。同时，帕斯卡还发现第 n 行中的数也就是（1+x）^{n} 按二项式定理展开的系数。例如，对于 n=4，（1+x）^{4}=1+4x+6x^2+4x^3+x^4 就是如此。这个三角形还有许多其他有趣的性质。帕斯卡不是第一个发现它的人，但他在概率论中独创性地进行了应用。

随着科学技术的发展，概率论在保险、统计、误差理论、生物学、天文学、近代物理学以至整个工农业生产中都得到了日益广泛的应用，成为数学最主要的几个分支之一。

概率论的起源就像很多理论起源的典型例子：有些看起来微不足道的问题，解答者最初是出于好奇心或无意识的探究，最终却引出了深奥的一般性原理。

而帕斯卡在《思想录》中就利用概率论为自己选择的道路开

脱。他说，通过虔诚信仰上帝来争取得到永生的可能性固然极小，但是其成果，即获得永恒幸福的价值有无限大。无限大乘上一个很小的成功可能性，仍是无限大。于是帕斯卡得出结论：这才是真正值得一个人遵循的道路！可悲的是，这位伟大的数学家不知道，企图通过刻苦修行来求得永生，不是机会大小的问题，而是根本不可能。无论多么大的"期望"，跟零结合，永远只是徒劳无功。

帕斯卡还曾写下这样的句子："一味干这样的琐事是令人生厌的，但是有的时候就得做琐事。"他的悲剧正在于无法分清什么是无意义的琐事，什么是有意义的事。比如他倾尽心血追求的"无限大期望"的宗教事业，分明是场虚幻的梦境，却被他奉为至高无上的前途；而对于使他在历史上享有无上荣光的数学，他却感到无用。

1660年8月10日，距离帕斯卡去世已经不到两年，他在致费马的信中这样写道："顺便谈到数学，我觉得它是对思维的最高锻炼；但同时我又觉得它是那么无用，以至于使我感到一个单纯的数学家同一个普通工匠的差别极小。我承认它是世界上最可爱的职业，然而仅仅是一种职业；我也常说，想学数学是件好事，但为此费力则不然。所以我不愿为数学多走两步。我想你也会有同感。"

如果帕斯卡的健康状况能好一些，他的思想就不会被宗教引入歧途，或许他对数学世界的贡献就会更多一些。

5
牛顿
Isaac Newton

流数微积分方法是一把万能钥匙，现代数学家借助它揭开了几何学的秘密，因而也揭开了大自然的秘密。

——贝克莱主教

$$\int_a^b f(x)dx = \mathcal{F}(b) - \mathcal{F}(a)$$

"我不知道世人怎样看我，可我自己认为，我好像只是一个在海边玩耍的孩子，不时为拾到比往常更光滑的石子或更美丽的贝壳而欢欣，然而展现在我面前的是完全未被探明的真理之海。"

　　这些话是艾萨克·牛顿在他平安长寿的一生行将结束时对自己的评价。后继者们对他的评价则是：牛顿是人类有史以来最具智慧的人。牛顿少年时的才华常常被忽略，但他的确是位难得的天才，他发明了微积分，并以牛顿力学为中心，结合他在光学、天文学等方面的巨大发现和深刻见解，最终建立了经典物理体系；他是自然科学家的偶像，是英国国会议员，在皇家学会连任24年终身会长，是法兰西科学院的外籍院士，安妮女王亲自为他封爵。他以85岁高龄长眠于世，受到了隆重的国葬。

　　但是，牛顿刚出生时，谁也没有想到他会成为震古烁今的科学巨人。

少年牛顿：被忽略的天赋异禀

按儒略历，牛顿出生于 1642 年的圣诞节。牛顿降生在一个人口不多、家境普通的农场主家庭，一家人居住在距离英国林肯郡格兰瑟姆大约 8 英里的伍尔斯索普村庄园里。他的父亲艾萨克在儿子出生前 3 个月就病逝了，为了纪念早逝的父亲，母亲让儿子继承了他的名字。

牛顿是一个早产儿。他出生时不足 3 斤，瘦小虚弱得几乎可以被放进一只大玻璃杯里，以至于出生后几个月，他的头还要用夹板夹着。邻居们都认为这个孩子活不长。

历史上大多数天才都有家族遗传的优势，但牛顿没有。牛顿的祖先没什么值得称颂的、超越常人的才能。他的父亲在邻居们的眼中是个"任性、放肆而软弱的人"；他的母亲汉娜·艾斯库是一个节俭、勤劳、能干的家庭主妇，丈夫死后，有人把她介绍给北威特姆附近教区的巴纳巴斯·史密斯牧师当妻子时说，牛顿太太是一个"不寻常的好女人"。于是，牛顿太太再婚了。但是，那个牧师老单身汉有些刻薄，不允许新婚妻子带孩子过来同住，3 岁的牛顿不得不跟随外祖母一起生活。牛顿太太在第二次婚姻中生了 3 个孩子，这些孩子都是平凡的人，没有一个显示出突出的能力。所以，牛顿的家族里不具备天才基因。

母亲的第二次婚姻和生父的遗产，为小牛顿提供了每年 80 英镑的收入。这笔钱足够他和外祖母吃饱穿暖了。

牛顿幼年身体羸弱，他不能参与一切耗费体力的玩乐，不能像普通孩子那样到处奔跑嬉戏，于是他发明了属于自己的娱乐。

在这些娱乐中，他的天赋首次展露出来。后世评价牛顿时，经常说他少年时期并没有展现神童应具备的特征，也没做出什么值得称颂的传奇举措。这绝对是大大的谬误。他也许尚未展现任何数学方面的天赋，但他在制造工艺上表现出了惊人的创造力和动手能力。这为他以后进行科学探究、开展各种实验奠定了极好的基础。尤其是他在探索光的奥秘时，少年时代无与伦比的实验才能令他如虎添翼。

他能够准确地制作各种复杂的机械和玩具，他认为那些"不能做出精确成品的工匠算不上真正的工匠"。最可贵的是，他不是简单地模仿，他的许多创造发明使人赞叹。牛顿仿照英格兰滨海乡村随处可见的白色风车，制作了各式各样的风车模型；摸透了风车原理后，牛顿制造了一架磨坊的模型。他将老鼠绑在一架有轮子的踏车上，然后在轮子前面放上一粒玉米，那地方刚好是老鼠可望而不可即的位置。老鼠想吃玉米，就必须不断跑动，于是轮子就不停转动。根据老鼠驱动轮子的原理，他又发明了一种水车风车联动装置，使风车可以在无风的时候借助水力驱动。牛顿还制作了木钟、水钟和日晷等各种计时器，他极有耐心地精细雕刻出木钟啮合的齿轮，让它成为一个可以转动的计时装置；他仔细测定容器水位变化的速度，画出精密的不等分刻度，再把 4 英尺（1 英尺等于 30.48 厘米，下不赘注）高的水钟放在屋角，按时添水，一座水钟就制作完成了；他又用墙砖刻了个大日晷，在日照良好的时候，这就是一个精度很高的计时装置，乡邻们称它为"牛顿钟"。可不要小看这种日晷，它已经不是小孩子的玩具了，英国皇家学会后来将牛顿这一时期制作的日晷视为珍藏品。

牛顿制作的玩具也与众不同。他在自己做的风筝上面系了个灯笼，等到晚上的时候让风筝乘风而起，风筝飞得又高又远，以至于那些迷信鬼神的村民以为是不祥的彗星。除此之外，牛顿还博览群书，并且在笔记本上记下了各种各样的方法和不同凡响的见解。种种迹象，都显示出牛顿绝对不是一个智力平平的乡村少年。

牛顿6岁时，在附近的免费乡村小学接受了早期教育，学会了读书写字和初等算术。这时，一个至关重要的人出现了，他对牛顿的人生起到了推动作用，那就是牛顿的舅舅威廉·艾斯库牧师。舅舅毕业于剑桥大学，受过高等教育的他看出了牛顿的不同于常人之处。有一次，舅舅发现牛顿翘了去集市帮人家卖货的工作，偷偷躲到篱笆下面读书，于是他认定牛顿值得获取更好的教育资源。他劝说姐姐把牛顿送到格兰瑟姆的普通中学去读二年级。牛顿的母亲原本打算在第二任丈夫死后重返伍尔斯索普，那时牛顿已经可以帮忙管理农庄了。在弟弟不断的游说下，她终于同意让15岁的儿子外出求学。

年轻的牛顿此时对功课还不感兴趣，他有着小小少年应有的倔强和傲气。在格兰瑟姆中学，他受到学校里一个小霸王的欺负。有一天，这个小霸王在牛顿的肚子上踢了一脚，使他疼得直不起腰来。牛顿在一位男老师的鼓励下，向这个小霸王提出了挑战，要公平地与他打一架，最终牛顿打败了他，让他再也不敢随便欺负人。这件事以后，牛顿开始认真对待学业，功课飞速进步，很快就成了学校里最优秀的学生。

校长和舅舅艾斯库认为是时候让牛顿去剑桥大学读书了。

牛顿在上格兰瑟姆中学和后来为进剑桥做准备的日子里，寄宿在乡村药剂师克拉克先生家里。在药剂师的家里，他常常看见克拉克前妻的女儿斯托里小姐，两个年轻人相互爱慕，并在1661年6月牛顿去剑桥上大学前订了婚。斯托里小姐是牛顿第一个也是唯一珍爱的人，但是两人长期两地分居，加上牛顿对科学研究工作日渐投入，他意识到自己此生与斯托里小姐可能不会有什么结果。为此，牛顿写下了一首名为《三顶冠冕》的诗：

世俗的冠冕啊，

我鄙视它如同脚下的尘土，

它是沉重的，

最好的结局也不过是一场空；

而现在我愉快地迎接

一顶荆棘的冠冕，

尽管刺得人疼痛，

内心却觉得甜美；

我更看见那光荣的桂冠，

在我面前呈现，

它充满幸福，

永恒无边。

最后，牛顿献身于科学事业，终身未婚；斯托里小姐则嫁与他人，成了文森特太太。但两人始终保持着真挚的友情，斯托里婚后心情不好时，牛顿常常安慰她，给予鼓励和帮助。这份感人的友谊一直保持到两人晚年。

站在巨人的肩膀上

在讲述牛顿在三一学院的学生生涯之前，我们先来回顾一下他所处的那个时代和之前的科学家们给他留下的宝贵财富。

那时，统治英国的是顽固偏执的斯图亚特家族，他们宣称自己所拥有的至高无上的国王地位，是上天赋予的神圣权力。人们本就憎恨神权对君权的控制，统治者极端的傲慢和无能更是加深了这份怨恨。于是，1642 年 8 月 22 日至 1651 年 9 月 3 日，英国爆发了内战，史称"清教徒革命"。敌对的双方，一方是国王查理一世和他的保皇党，另一方是国会。在内战中，双方没什么区别，他们通过四处烧杀劫掠，让军队保持战斗力。国王查理一世横征暴敛，滥用法律、公理和权力；国会派的首领奥利弗·克伦威尔也没好到哪里去，他刚打败国王，就立即凌驾于国会之上，开始屠杀清教徒，背叛了他为之奋斗的神圣事业。牛顿正是在这样浓厚的政治和宗教氛围中长大的。

这些野蛮、可怕、虚伪的暴行，对年轻的牛顿产生了深远影响：他对暴政和压迫有着强烈的仇恨。这种影响在后来詹姆士国王企图强行干涉大学事务时显现出来，牛顿本能地知道当自由受到威胁时，唯有大无畏的勇气和团结一致的阵线，才是最有效的防卫。

再来说一说之前的科学家对牛顿的影响。牛顿曾经说："如果我比其他人看得更远些，那是因为我站在巨人的肩上。"牛顿从这些巨人身上继承了宝贵的知识财富：从笛卡儿那里，牛顿继承了解析几何；从开普勒那里，他继承了行星运动的三个基本定律；而从伽利略那里，他得到了奠定他运动三定律中前两个的重要理论要素。

考虑到开普勒定律在牛顿的万有引力定律中起到了引领作用，在此先行对其进行阐述。

开普勒行星运动三大定律为：

1.所有行星绕太阳的轨道都是椭圆，太阳在椭圆的一个焦点上。（椭圆是平面上到两个固定点的距离之和是一个固定值的轨迹，这两个固定点叫作焦点。）

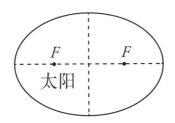

椭圆是行星的轨迹，F 为焦点

2.行星和太阳的连线在相等的时间间隔内扫过的面积相等。

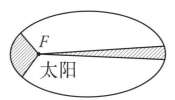

3. 所有行星绕太阳一周的恒星时间的平方与它们轨道半长轴的立方成比例。

第一和第二定律发表于 1609 年，是开普勒从天文学家第谷观测火星位置所得资料中总结出来的；第三定律发表于 1619 年。这三大定律又分别称为椭圆定律、面积定律和调和定律。

将微积分应用于牛顿的万有引力，即可证明它们全部是正确的。牛顿的万有引力定律是：宇宙中任意两个质点互相吸引，引力与它们质量的乘积成正比，与它们距离的平方成反比。即设定 m 和 M 是两个质点的质量（质点是只考虑质量，不考虑体积和形状的点），d 是它们之间的距离，那么二者之间的引力就是 $\frac{k \times m \times M}{d^2}$，其中 k 是常数。

为完整起见，简单阐述一下牛顿的运动三定律：

1. 在没有外力作用下孤立的质点保持静止或做匀速直线运动，直到有作用在它上面的外力迫使它改变这种状态为止。

2. 动量（质量乘以速度）变化的快慢（动量的变化率）与施加力的大小成正比，而且方向与力所作用的方向一致。

3. 作用力与反作用力大小相等，方向相反。比如手拍桌子，手对桌子施加了一个作用力，而手会感觉到疼，是因为桌子对手会施加一个反作用力，二者大小相等，方向相反。

牛顿为求变化率（变化的快慢程度）发明了微分学，为计算一个速度每时每刻都在变化的运动质点在给定时间内跑过的全部距离而发明了积分学，最后他把积分学和微分学结合起来，便形成了今天微积分学的基本定理。

除了不朽的自由精神和丰硕的科学知识，牛顿还接受了时代赠予他的两件礼物：神学和炼金术。炼金术让牛顿见识到了化学的魅力；神学则是那个时代人人都膜拜的，牛顿相信自己没有能力了解整片真理之海，他认为宇宙中有很多超出他认知的东西，于是他以亲自弄懂创世的传统学说为己任。

不过，这些都不影响牛顿在科学史上永垂不朽。

从"减费生"到微积分

1661 年 6 月，牛顿进入了剑桥大学三一学院，成为一名"减费生"。受家庭经济条件的限制，牛顿在学校期间需要提供一些服务性的杂役劳动来赚取学费，这些劳动包括准备晚餐和服侍那些富家子弟。

在经历了内战、1661 年君主复辟，剑桥大学被宗教势力把持得越来越牢固，它的教学水平降到了历史最低。三一学院与其他学院相比要好些，它有着丰富的图书资料，教授的水平也比较高，许多新知识、新思想常常从这里传播开来。

虽然封建宗教势力在负隅顽抗，但欧洲已经逐渐进入了资本主义时期，科学的兴旺是必然之路。各国新兴的科学力量陆续建立起学会一类的科学组织，交流科学思想。1645 年，格雷沙姆学院以英国数学家约翰·沃利斯为中心的一批自然科学家定期聚会，创立了"哲学院"，开始举行学会活动。1660 年，它有了正式的章程。1662 年，查理二世复位，把"哲学院"命名为"皇家自然知识促进学会"。尽管如此，学会也只是个得到工商界支持的民间团体，不过，它对英国的科学发展还是非常重要的。

在这样的历史背景下，1663年，剑桥大学的亨利·卢卡斯教授病故，他在6月22日立下遗嘱，决定用他的遗产在三一学院设立一个自然科学讲座，向青年学生传授自然科学和数学知识，这就是后来有名的卢卡斯数学讲座。它的第一任教授艾萨克·巴罗是一位有真才实学的英国数学家和物理学家。他不但在文学、哲学、神学和自然科学等方面有渊博的知识，而且对数学和光学有许多独特的贡献，享有"欧洲最优秀学者"的美名。

牛顿入学后不久，巴罗就成了他的数学老师。发现并培养牛顿这颗冉冉升起的科学新星，无疑是巴罗对科学界最伟大的贡献之一。这段时间也是牛顿学习的关键期。牛顿在巴罗老师的几何学讲座中，学到了求面积和画曲线切线等许多有用的知识，这些知识都是积分学和微分学的关键点，为牛顿创立微积分提供了很大帮助。牛顿后来回忆说："也许正是巴罗博士当时讲授的关于运动学的课程促使我去研究这方面的问题的。"

牛顿在大学的生活很平淡，他没有表现出特殊的才华，只是像海绵浸泡在海水里，如饥似渴、废寝忘食地学习各种知识。他掌握了算术和代数，认真阅读了欧几里得的《几何原本》，精读了笛卡儿的《几何学》，全面掌握了解析几何。在巴罗老师的引导下，牛顿学习了从哥白尼到巴罗本人的大量著作。三一学院有条长廊回声很响，牛顿就利用它来测定声波在空气中的传播速度。他还坚持不懈地观察彗星和月晕，好几次都把自己累倒了。

除了努力刻苦地学习，牛顿也像其他普通大学生那样，偶尔去小饭馆吃吃饭放松一下，他还跟同学一起打牌输了两次钱。

1664 年 1 月，牛顿获得了学士学位。同年，他经过选拔考试，成为巴罗的助手。

1664 至 1665 年，黑死病在欧洲大流行，造成了成千上万人死亡。剑桥大学被迫关闭校园，遣散学生。牛顿便回到家乡伍尔斯索普，过起了隐居生活。

在剑桥受到的数学和自然科学的熏陶和培养，使牛顿对探索自然现象产生了浓厚的兴趣，家乡安静的环境又使得他的思想展翅飞翔。1665 至 1666 年，这段短暂的时光成为牛顿科学生涯中的黄金岁月，他的三大成就——微积分、万有引力定律、光学分析的思想都是在这时孕育成形的。另外，在牛顿 1665 年 5 月 20 日的一份手稿中记载，他还运用微积分的主要原理找出了任何连续曲线在任何给定点的切线和曲率。牛顿将这种方法称为“流数法”。

而在此之前，牛顿在二项式幂的展开上有了突破，从而发现了二项式定理。

以前的帕斯卡三角或者说杨辉三角，都是利用 $(1+x)^{n-1}$ 展开式的系数来确定 $(1+x)^n$ 展开式的系数。从图中的三角形可以看出，由 $(1+x)^2$ 展开式的各项系数 1、2、1 很容易得到 $(1+x)^3$ 展开式的各项系数 1、3、3、1，并且依次往下推。

```
                    1
                1       1
            1       2       1
        1       3       3       1
      1     4       6       4       1
    1     5      10      10      5       1
  ……  ……   ……    ……    ……    ……    ……
```

现在，牛顿得到了不依赖（1+x）$^{n-1}$ 来展开 (1+x)^n 的方法：

$$(1+x)^n = 1 + \frac{n}{1}x + \frac{n(n-1)}{1 \cdot 2}x^2 + \frac{n(n-1)(n-1)}{1 \cdot 2 \cdot 3}x^3 + \cdots$$

更进一步，牛顿还确定了分数指数和负数指数的问题，并展开成无穷级数形式。这就是著名的牛顿二项式定理。有了这个定理，牛顿又向微积分的创立迈出了一大步。

牛顿创立微积分更是建立在2000多年来人类对数学孜孜以求的基础上的。对求曲线的切线和求曲线围成图形的面积这两大类问题的不断研究，最终导致了微积分的诞生。

古希腊的阿基米德曾经解决过求螺线的切线和抛物线弓形面积等难题。但是，由于没有掌握微积分的普遍方法，这些解答是他绞尽脑汁好不容易才获得的。我们很难想象对每一条曲线都像阿基米德那样去寻找巧妙的特殊解法，因为这不但极为复杂，而且几乎是不可能的。受生产水平的限制，当时的数学家还不可能意识到这类问题的重要性，因此，对它们的研究时断时续，没有真正的突破。直到16世纪，随着生产和航运事业的发展，曲线的切线问题的重要性日益显示出来。

举个最直观、最实用的例子：在一望无际的大海上，要确定船只的位置和航线，离不开天文学的知识和观测手段，而要设计天文望远镜光线的通路，根据光的折射规律，必须了解曲线的切线。后来人们又认识到，由割线求切线相当于物理学上由平均速度求瞬时速度，这无疑是一个具有普遍意义的问题。因此切线问题的研究吸引了几乎所有数学家的兴趣。

笛卡儿曾说，求切线"不但是我所知道的最一般却最有用的问题，而且甚至可以说，是我唯一想要在几何学里知道的问题"。笛卡儿利用解析几何，通过代数演绎，求得了一些高次抛物线的切线。费马和巴罗求得了更一般曲线的切线。费马还得到求函数最大值和最小值的相当普遍的方法，它实际上与求切线的方法相同。

求积问题，包括曲线长度的计算，看来困难得多。早先，开普勒和伽利略曾经研究过。费马和帕斯卡求得了前几个自然数的 m 次幂的和，这样，高次抛物线弓形面积就好算了。不过，对于抛物线以外的曲线，求积还是很困难。

牛顿从前人的成果中吸取了丰富的数学营养。在代数和微积分方面，对牛顿影响最大的是约翰·沃利斯。沃利斯最初在剑桥研究神学，20 岁左右开始研究数学，后来成为牛津大学的几何学教授。他曾参与筹建皇家学会。在其名著《无穷算术》中，不同于许多数学家的几何论证，他成功地将解析几何应用于求积问题。

牛顿解决了二项式定理的问题后，又潜心钻研了沃利斯等人的著作，到了 11 月，牛顿终于有所发现。

为了更好地理解牛顿的思想，我们需要借助图形来进行说明：

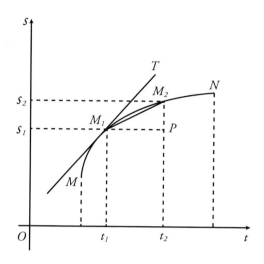

曲线 MM_1M_2N 表示质点和某定点的距离 s 随着时间 t 变化的规律。当质点由 M_1 到达 M_2，它所经历的时间为：$t_2-t_1=M_1P=\triangle t$；距离为：$s_2-s_1=PM_2=\triangle s$。

很明显 $\dfrac{\triangle s}{\triangle t}$ 就是质点在时间间隔 $\triangle t$ 内的平均速度；它刚好等于 $\tan \angle M_2M_1P$，也就是割线 M_1M_2 的斜率。不难看出，当 $\triangle t$ 愈小，$\dfrac{\triangle s}{\triangle t}$ 就愈接近质点在 t_1 时刻的速度；同样，割线 M_1M_2 的斜率也愈接近曲线在 M_1 处的切线 M_1T 的斜率。经过长时间的思考，牛顿断定，当 $\triangle t$ "无限小"，那"最后的比" $\dfrac{\triangle s}{\triangle t}$ 就无限精确地表示质点在时刻 t_1 的速度，它也就是曲线在 M_1 处的切线 M_1T 的斜率。这就是微积分中导数的概念。因为它是由 M_2 无限地"流"近 M_1 得到的，"流数法"这个名称可谓起得非常贴切。

相比之下，求积问题困难很多。比如说，要求 $M_1t_1t_2M_2$ 的面积，除了像阿基米德所使用的穷竭法那样，把它分割成一小块一小块矩形叠加起来计算，似乎没有更好的办法。而对一般的曲线来说，这种方法使用起来实在太复杂了。

于是，牛顿从物理意义上来思考问题。利用流数法，他已经得到距离 s 对时间 t 的导数——速度 v。

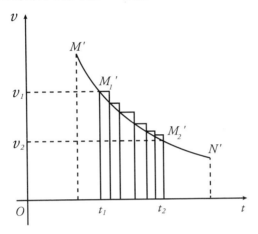

因此，上图的速度 v 随时间 t 变化的规律就可以画出来了。如果按以前的方法来计算面积 $M_1't_1t_2M_2'$，那就要把 t_2-t_1 分成更小的间隔，把面积近似地分割为一小块一小块的矩形叠加起来。间隔分得愈小，就愈能精确地表示 $M_1't_1t_2M_2'$ 的面积。那么，从物理学上说，这块面积表示什么呢？牛顿惊喜地发现，其中的每一小块矩形不正代表着这段时间间隔内把速度近似地看作匀速时所经过的距离吗？而把这些矩形叠加起来，正是上图的距离差 s_2-s_1。换句话说，距离对时间的导数是速度；反过来，速度曲线下面的面积，不必"笨拙"地叠加一块块矩形，而只要反过去求距离的差。牛顿把微积分中这种积分方法称为"反流数法"。

牛顿以他超人的洞察力发现，这两种运算是互逆的。也就是说，如果函数 s(t) 的导数是 v(t)，那么导数 v(t) 在区间〔t_1、t_2〕上的积分等于函数 s(t) 在端点的值差 s(t_1) - s(t_2)。这就是微积分的基本定理，后人也称其为牛顿 - 莱布尼茨公式。这样，由求导数的微分法则已经知道，函数 $\frac{1}{2}gt^2$ 的导数是 gt，那么知道自由落体的速度 v=gt，就可以推出伽利略的自由落体定律：s=$\frac{1}{2}$ gt^2。又如，因为函数 -cosx 的导数是 sinx，正弦曲线 y=sinx 在区间〔0，π〕上与 x 轴所夹面积应等于 $-\cos(\pi)$ -〔$-\cos(0)$〕=1+1=2。于是过去数学家煞费苦心解出的许多难题，掌握牛顿 - 莱布尼茨公式的人就可以轻而易举地算出来了。

牛顿 - 莱布尼茨公式揭示了导数和积分的本质联系。这种深刻的规律，在运动学这个特定的问题中比较清楚地显现出来。

有了微积分，以及在这个基础上建立起的数学中最庞大的分支——数学分析，人类就能定量地研究各种变化和运动，这就决定了近代科学技术的精确性这个本质特征。毫不夸张地说，没有微积分的建立和发展，18 世纪以来的科学发展和技术进步都是不可能的。

万有引力

1666 年，牛顿在伍尔斯索普发现了万有引力定律，当时他只有 23 岁。

提到万有引力，就不得不提那个关于苹果的著名故事。在家乡躲避黑死病的牛顿，有一天傍晚漫步在秋景迷人的乡村田野。

他来到一棵苹果树下，沉醉在满园秋色之中。忽然，一只熟透了的苹果从树上掉了下来，砸在了他的头上。牛顿没去理会被砸伤的脑袋，反而陷入了沉思：苹果熟了为什么会往下掉，而不是往天上飞？而天上的月亮为什么不曾掉落到地面上呢？

牛顿盯着苹果沉思，突然有了个奇怪的想法：有没有一种无形的力量在起作用，把苹果拖到地上？而这种力量就是引力。

这个故事如今已经成为儿童科普读物中必不可少的篇章。然而，牛顿发现万有引力跟苹果没什么关系。真相可以借高斯的口说出，曾有人问过高斯怎么看待牛顿和苹果的故事，高斯很不高兴地回答。有人询问过牛顿发现万有引力的具体过程，牛顿考虑到那人的智力水平不太可能理解公式详解的具体过程，就编了苹果落地的故事。那个浅显易懂的故事一经说出，立即就得到了那人的认同。于是，苹果的故事就这么流传了下来。

无独有偶，1684年，哈雷曾问过牛顿"什么样的引力定律能够解释行星的椭圆轨道"，牛顿立刻回答是平方反比定律。

哈雷又追问："你是怎么知道的?"牛顿回答："我计算过它。"

由此可见，每个科学史上的伟大发现都是经过周密的演算和推理得出的。牛顿自己也说过："我不臆造假设。"

通过大量演算，牛顿得出了以下结论：由于物体水平方向的运动速度不同，受地球引力作用的物体会有不同的运动轨迹。自由落体的轨迹是直线；一个平抛物体的轨迹是抛物线，当水平速度达到一定大小的时候，惯性离心力和地球引力平衡，就产生绕地球的圆周运动。月球就是这样运动着的。这个普遍存在的引力，决定了重物的坠落，也支配着宇宙间天体的运动。

根据这个结论，牛顿又引申出了平方反比定律，即引力应同两物体间的距离平方成反比，引力同两个物体质量的乘积成正比。综合这些结果，就得到了支配着宇宙间万物运行的万有引力定律。

但是，当牛顿想向哈雷展示自己的计算过程时，他发现原稿找不到了，便打算重新演算一次。接着他意识到自己之前的计算中有个不够精确的数据，因为万有引力定律指的是两个质点间的引力，而月球、地球和太阳都是巨大无比的球体，所以要计算地球和月球之间的引力，就需要把构成地球和月球的无数对质点之间的引力统统考虑在内。

这个问题导致万有引力定律推迟了 20 年才发表。这显然是一个积分问题。今天人们把它作为一个例子写进教科书，年轻学生们用 20 分钟或更少的时间就能解答它。然而，在 17 世纪，即便是牛顿这样的大科学家，也被困扰了整整 20 年。当然，牛顿最后解决了这个问题：假定均匀球体的质量全部集中于中心构成的质点，此时中心质点的作用等效于球体的作用。这样，这个问题就变成求位于给定距离的两个质点之间的吸引力了。由此可以看出，自牛顿时代起，历代数学家们付出了多么艰辛的劳动去发展并简化微积分，使它达到了任何一个中学生都能有效地使用它的程度。

怒气冲冲的牛顿

牛顿对微积分和万有引力定律的完善都不是一蹴而就的，这些工作几乎贯穿了他生命的全部。我们暂时抛开牛顿在这两件事上的建树，去看看他在光学上的突出贡献。而这次，他变得怒气冲冲，脾气暴躁，这又是怎么回事呢？

1667 年，牛顿结束了在家乡的隐居生活，回到了剑桥，当选为三一学院的研究员；1669 年，他接替巴罗任卢卡斯数学讲座的教授。他最初的演讲是关于光学的。为了让牛顿的光学理论更完整、更系统化，我们需要从 1666 年讲起。

在科学史上，牛顿对光学有三大贡献。第一大贡献是，他在家休假期间，利用得到的三棱镜，进行了著名的色散实验。他先让一束太阳光通过三棱镜，分解成几种颜色的光谱带，再用一块带狭缝的挡板把其他颜色的光挡住，只让一种颜色的光通过第二个三棱镜，结果出来的只有同样颜色的光。这样，他就发现了白光是由各种不同颜色的光组成的。他又进一步验证，发现物质的色彩是不同颜色的光在物体上有不同的反射率和折射率造成的。1672 年，牛顿把自己的研究成果《光与颜色的新理论》发表在了《皇家学会哲学杂志》上，这是他第一次公开发表论文。

牛顿对光学的第二大贡献是设计和制造了反射望远镜。那个时代很多人研究光学是为了改进折射望远镜，牛顿由于发现了白光的组成，认为折射望远镜透镜的色散现象是无法消除的，就转而研究了反射望远镜。后来，随着科学技术的不断发展，有人用具有不同折射率的玻璃组成的透镜消除了色散现象。

1668 年，牛顿用自己制造的第一架反射望远镜观察了木星的卫星，以此来验证万有引力是否具有普遍规律性。1672 年，牛顿被选入皇家学会，并将改进后的反射望远镜献给了皇家学会，因此名声大噪。

牛顿对光学的第三大贡献是提出了光的"微粒说"。他认为光是由微粒构成的，并且走的是最快速的直线运动路径。他的"微粒说"与惠更斯的"波动说"构成了光的两大基本理论。

要知道，奠定一门学科开创性理论的研究不可能一蹴而就。牛顿对光学的研究也是如此，今天我们固然可以看到这些基础理论完整的样子，但它们刚问世的时候不会完美无缺。科学家们的工作就是不断钻研、论证和完善这些理论，所以科学家之间就不同学术观点进行探讨是很正常的事情。

然而，并不是所有的科学家都是富于理智、品德良好的贤者，他们之中也有心胸狭窄、一味追求虚荣和名利的品行败坏者，而胡克就是其中之一。

当时，皇家学会指定包括胡克在内的三人委员会审核牛顿提交的关于光学的报告。胡克为了抬高自己，便抓住机会，利用手中的权柄对牛顿的理论大肆诋毁和嘲笑。起初，牛顿还对这些批评持冷静的科学态度，但是等比利时东部城市列日的数学家吕卡和物理学家利努斯也加入胡克的行列后，他们掺杂了大量个人情绪和人身攻击到对科学理论的讨论中，牛顿很快就失去了耐心。

这些与科学研究没有关系的争论让牛顿变得苦恼又暴躁，他在 1673 年春天写信给奥尔登伯格，以经济困难和他距离伦敦太远为理由，要放弃他在皇家学会的会员资格。奥尔登伯格完全没有领会这位数学家为什么突然怒气冲冲地使起小孩性子，只是按部就班地告诉他，按照章程，牛顿先生可以不必交会费，并能继续持有会员资格。需要顺便提一句的是，牛顿对金钱既精明又大方，他去世时算得上那个时代的富翁，同时会竭尽所能地帮助有困难的人。

总之，奥尔登伯格的回信使牛顿恢复了理智，他撤回了辞呈，平息了怒气，不过胡克那些人对他的纠缠仍在继续。

1676 年 11 月 18 日，牛顿在给友人的一封信中抱怨说："我知道我已经把自己变成了哲学的奴隶，但是如果我不能摆脱吕卡先生，那么除去我为了私人兴趣或留待身后发表的东西，我将坚决地永远告别哲学；因为我看出，一个人必须要么下决心不再做出什么新东西，要么变成一个奴隶去保护它。"

不幸的是，100 多年后，高斯在非欧几何问题上也持有类似的见解。牛顿决定不再发表自己的作品。他 1675 年写的《颜色与光线的性质》和第二年写的《曲边图形面积》都被压在抽屉里，拒不发表。

无意义的论战让牛顿无比恼怒，他开始将心思转移到炼金术和神学的研究上，在受到批评时，他还将怒火一股脑发泄到"哲学"上。他在 1688 年 6 月 20 日写给哈雷的信中说："哲学'科学'是一位如此傲慢的好诉讼的夫人，一个男人只要同她相处，就会被卷入诉讼。我早就发现了这一点，现在我不再靠近她了，但是她给我以警告。"

和同时代许多科学家一样，牛顿是个虔诚的教徒。不过，在年轻的时候，他对上帝的本质有相当清醒的认识："关于他，我提不出什么假设，我是一个科学家，不愿做神学问题的设想。我不谈上帝，只谈人可以观察到的上帝的那些规律。"

但随着年龄的增长和对立学派日益咄咄逼人，牛顿把越来越多的精力投入神学中。而牛顿的伟大就在于，尽管他受时代所限，将自己囚困在宗教的夹缝里，他也并没有完全放弃自己在科学方面的卓越才智。

传世之作问世

1684 至 1686 年，是人类思想史上一个伟大的时期。在哈雷的劝说下，牛顿将他在天文学和动力学方面的发现撰写成书，名为《自然哲学的数学原理》（以下简称《原理》）。

牛顿对《原理》投入了巨大的创作热情，时常在小憩中醒来，然后继续投入研究中去。有时衣服穿了一半，就坐在床边思考。在这期间，牛顿的暴怒症无药自愈，他心境平和，待人和善，却经常忘记吃饭和睡觉。

有一次，斯图克莱博士来访。午饭已经准备好了，可是左等右等牛顿都没出现。无奈之下，客人只好先行用餐。过了好一会儿，牛顿才从书房出来。他一边向客人致意，一边坐到餐桌旁准备吃饭。可他忽然发觉桌子已经收拾干净，不由得一愣，随即对客人道歉："我的天，我以为我还没吃饭呢，原来我已经吃过了。"

可以说，为了写就《原理》一书，牛顿真正到了废寝忘食的地步。

1686 年,《原理》第一卷完成,它是全书的基础,阐明了力学原理,建立了伟大的经典力学体系。第二年,第二卷、第三卷陆续完成。第二卷是讨论有阻力的介质中物体的运动和流体运动;第三卷就是著名的《论世界体系》,把第一卷建立的普遍原理应用于太阳系。

随后,牛顿将《原理》提交给皇家学会,但皇家学会无力承担印刷费用。最终,《原理》由哈雷出资出版。为了表达对哈雷的感谢,牛顿在《原理》的前言中写道:

目光敏锐、博学多才的学者埃德蒙·哈雷为本书的出版付出了艰辛的劳动。他不仅为校阅和画图费神,而且归根到底是他促成我写出这本书的。正因为他要我论证天体运动轨道的形状,并且把结果呈报皇家学会,使我也得到学会的鼓励,我才决定撰写本书。

《原理》就像一处无穷无尽的宝藏,在此让我们简略了解一二。

首先,牛顿从万有引力定律中推导出开普勒的经验定律,解决了计算太阳质量和行星质量的问题。其次,他首创了摄动理论,即一个天体绕另一个天体沿二体问题的轨道运行时,因受到其他天体的吸引或其他因素的影响,天体的运动会偏离原来的轨道。例如,月球不仅被地球吸引,还被太阳吸引。因此,月球的轨道就会被太阳的引力摄动。用这种方法,牛顿详细解释了依巴谷和托勒密观测的两个结果，并从万有引力定律中推导出了第谷·布拉赫、弗拉姆斯蒂德等人观测到的月球运动另外 7 种不规则性。

摄动理论的方法也适用于行星，它直接导致人们先后发现了太阳系边缘的两名成员——海王星和冥王星；拖着长尾巴的"无规律"彗星一度被人们当作不祥之兆，但根据万有引力定律，人们也能够计算出它的运行规律和回归太阳系的时间。1680 年，哈雷发现了一颗最明亮的周期彗星——哈雷彗星，并根据万有引力定律，算出了彗星的轨道是扁长的椭圆形，周期约为 76 年。

牛顿开启了行星演化的研究，他证明了行星的形状决定它一天有多少个小时。所以，如果我们能准确知道金星在极点处的平坦程度，就能知道它自转一周要多长时间。牛顿还解释了神秘的潮汐现象，从观察大潮和小潮的高度，推出了月球的质量。

《原理》将许许多多的自然现象统一起来，使得神秘莫测的大自然和宇宙空间有了理性的解释，不必再归于宗教迷信的统治。与牛顿同时代的人虽然未必能全部看懂《原理》中的论证推理，但他的英国同胞们都能感受到它的伟大意义，并将牛顿当作神明般崇拜。没过多久，牛顿体系就在剑桥和牛津两所举世闻名的大学讲堂上传授开来。与此同时，尚在沉睡中的法国还在笛卡儿神秘的旋涡中打转。不过很快，法国的神秘主义就让位于理性，牛顿最伟大的后继者不在英国，而在法国。法国的拉普拉斯为自己制定了一个伟大的目标：继续和完成牛顿所奠定的天体力学伟业。

微积分发明者的归属之争

《原理》创作完成之后，牛顿走出了纯粹的学术研究，重新回归纷扰不断的世俗世界。

英国国王詹姆士二世是个偏执的天主教徒，他在位时一直试图让天主教势力复辟。为此，他不顾剑桥大学的宪章，硬要剑桥大学把文学硕士学位赠送给天主教神父弗朗西斯·本尼狄克特，并请他做大学理事会理事，以获取管理学校的权力，为天主教复辟做准备。为了与国王代表的封建势力相抗争，剑桥大学组成了八人理事会，到伦敦最高法院对簿公堂，牛顿就是理事会8位代表之一。

狡猾的大法官乔治·杰弗里斯狠狠地羞辱了学校代表一番，要求他们绝对服从国王的命令，在一份屈辱性的协议书上签字。就在大家准备屈服的时候，是牛顿坚定了所有人的信心。因为他得到过国王的恩准，免任神职，大法官的威胁对他没有作用。于是，他站了出来，义正词严地向大法官声明："如果国王陛下执意提出一项不合法的要求，那就没有一个人会因为拒绝执行而苦恼！"

后来，牛顿在谈到这次胜利的时候写道："有法律在我们一边，在这些事情上，有一种诚实的勇气就能确保胜利。"

果然，"诚实的勇气"最终战胜了宗教的威压。

剑桥大学敬佩牛顿的勇气，因此在1689年1月推荐他代表大学当上了非常国会的议员，那时詹姆士二世已经逃离英国，赞成君主立宪的政治派别拥立威廉三世上台。不过，牛顿对政治演说远不如对科学探究感兴趣。他在议会上唯一一次开口说话，是请侍者把窗户关上。

按照英国当时的社会风俗，人们认为有才智的人应该去政府任职。牛顿无疑是当时最有才华的智者，于是他的朋友们便想为他在政府部门谋求一个配得上他的职位。不过这件事情的进展并不那么顺利，加上牛顿之前为写作《原理》透支了大量的精力和体力，他的母亲又病重去世，一连串的打击令牛顿在 1692 年的秋天生了一场重病。这场病让他吃不下东西，几乎难以入睡，还时常有癫狂症发作。牛顿被病痛折腾得几近崩溃，他用了差不多一年的时间才痊愈。

牛顿痊愈的消息传到了欧洲大陆，他的朋友们都为他的康复而高兴。莱布尼茨写信给一个熟人，表示他对牛顿恢复正常而感到满意。与此同时，牛顿第一次听说，在欧洲大陆，人们将微积分的发明归功于莱布尼茨。

其实，牛顿和莱布尼茨是很好的朋友，他们彼此承认对方在微积分领域做出的成就，并且从来没有过对方偷取了自己的创意的想法。他们各自的朋友则并不了解微积分，所以也不会唆使两人争夺微积分的发明权。事情原本可以很平淡地过去，但是，这件事逐渐上升到了民族尊严和国家荣誉的高度。1721 年，英国人和法国人开始为"谁发明了微积分"而争论不休。在英国，就连对数学一窍不通的路人都知道牛顿做出了惊人的数学发现，所有受过教育的英国人都团结起来，指责莱布尼茨是个贼和爱撒谎的家伙。

这场微积分发明权之争的结果令人深思：英国的数学研究与

理论探索在牛顿死后一个世纪里逐渐衰败；支持莱布尼茨的瑞士人和法国人则不断地完善丰富微积分，让它变成了更简单、更容易应用的研究工具。

关于微积分发明权的争论是个漫长的过程，现在让我们再回到 1696 年。一直为牛顿谋求政府职务的热心肠的好朋友们终于如愿以偿，54 岁的牛顿当上了造币局的副局长，3 年后他成了造币局的局长。

在任期间，牛顿以一个科学家严谨务实的工作态度，不断研究改良铸币生产工艺，新币在精度、纯度甚至图案花纹方面都要做到绝对的标准化，他的尽善尽美也提高了当时铸币的产量。

牛顿对英国金融行业最大的贡献是让英国放弃了金银复本位制。当时，在英国同时流通着金币和银币，这在国际金融学中被称为复本位制。但是，白银在英国极度短缺，这非常不利于货币的发行与流通。于是，牛顿在 1717 年 9 月 21 日向英国议会提交了一份货币报告，提出彻底放弃金银复本位制，让黄金作为唯一货币标准；同时将英国的黄金价格定为每盎司 3 英镑 17 先令 10 便士。牛顿的这份报告被政府采纳，英国在欧洲国家中率先走上了金本位币制的道路。100 年后，英国以法律的形式将这个价格固定下来，便诞生了世界货币史上重要的金本位制。

成为造币局局长后，牛顿算是彻底投身于金融行业。他当时的年薪达到了 2000 英镑，要知道他幼年时与外祖母的生活费每年只有 80 英镑。手里有了闲钱，自然要进行一些投资。牛顿便在股市中对南海公司投资了 3500 英镑，3 个月后，他的本金翻了一倍。但牛顿没有见好就收，他加大了对南海公司的投资力度，结果不到半年损失了 20000 英镑。在经历过这次股灾之后，牛顿发出了这样的感慨："我能够算准天体的运行，却算不出人性的疯狂。"

1703 年，牛顿当选为皇家学会的主席，随后他连选连任，直到 1727 年逝世。1705 年，安妮女王封牛顿为爵士，以表彰他在科学上的成就和对造币局的贡献。这对自然科学家是破天荒的第一次。

科学无止境，伟人永不朽

牛顿创作完《原理》之后，就很少取得重大科学成就，是他的数学天赋熄灭了吗？绝对没有。他就像阿基米德一样，是智力上长寿的人。

1696 年，瑞士著名青年数学家约翰·伯努利提出了两个数学难题。其中一个是对分析数学有深远影响的最速降线问题，即假定在一个竖直的平面上有两个任意固定的点，一个质点在重力作用下用最少时间从上面的点（无摩擦地）滑落到下面的点，它所经过的曲线是什么形状呢？这个问题困扰了欧洲数学家 6 个月之久。1697 年 1 月 29 日，牛顿的一个朋友将这个问题转述给他，那天他在造币局工作了一整天，筋疲力尽地回到家里。结果吃过晚饭后，他就解决了这个问题。第二天，他把解答匿名寄给了皇家学会。但是，伯努利看到这个解答时，立刻喊道："噢！我从他的利爪认出了这头狮子。"其实，大家在看到这个解答的时候，都在第一时间猜到是牛顿给出了正确答案。

1716 年，牛顿 74 岁时，再次证明了自己在智力上活力不减。莱布尼茨向他提出了一个困扰自己的难题，牛顿在下午的 5 点钟接到了这个挑战。经过了在造币局一整天劳累繁重的工作后，他在当天晚上解决了这个难题。这就是牛顿，他具备顷刻之间把全部智力集中在困难问题上的能力，在整个数学史上没有人能超过他。

牛顿一生收获了大量荣誉，他是个幸运的人，长期保持着良好的健康状况。他从来不戴眼镜，一生只掉过一颗牙齿，尽管他的头发在 30 岁时就花白了，但直到他离世时仍又厚又软。

同时，他是个有血有肉的凡人。他既不能完全摆脱对荣华富贵的追逐，也不能挣脱宗教的羁绊。他耗费了大量的时间和精力应酬官场，谨慎小心地考证圣灵的神秘征兆。牛顿在神学上有 150 万字的遗稿，还为炼金术写了几十万字的论述。即便如此，他仍取得了科学史上最伟大的成就，为数学世界做出了不朽的贡献。

像无数凡人一样，牛顿的人生也不完美。他在人生最后几年饱受病痛折磨。结石病令他疼得汗如雨下，接二连三的病痛轮番上阵。但他的不凡之处在于他对待痛苦的勇气和忍耐，不论自己多么不幸，他对待服侍自己的人仍如和风细雨般温柔。在生命的最后一刻，牛顿因虚弱而陷入昏迷。

1727 年 3 月 20 日凌晨，这位旷古未有的科学巨人在睡梦中溘然长逝，卒年 85 岁。

6

莱布尼茨
Gottfried Wilhelm Leibniz

我有如此多的想法，以至于如果有一天，比我更有
洞察力的人深入地研究这些想法，并把他们卓越的
才智与我的劳动结合起来，那么它们也许迟早会有
些用处。

——G. W. 莱布尼茨

Leibniz formula

$$\int_a^b f(x)dx = F(b) - F(a)$$

戈特弗里德·威廉·莱布尼茨是历史上少有的通才，数学只是他展露天才能力的众多领域之一，法学、力学、逻辑学、地质学、哲学、植物学等诸多领域他都有所涉猎，并留下了价值不菲的贡献。他还是最早研究中国文化和中国哲学的德国人，哲学名句"世界上没有两片完全相同的树叶"就出自他的口中。他与牛顿先后独立地发明了微积分，但两人对微积分甚至是数学的见解大不相同。高斯评价莱布尼茨，认为他虽然是罕见的天才，但他只有在数学领域才拥有绝对高超的智力。为此，有人认为，莱布尼茨对于其他学科投入的精力，只会阻碍他在数学上做出伟大发现。但是，为什么要苛求他呢？人无完人，天才亦是凡人，莱布尼茨在微积分、普适符号、组合分析学以及二进制等方面取得的成就已经足以奠定他伟大数学家的地位。

百科全书式的思想家

1646 年 7 月，莱布尼茨出生在德国莱比锡的一个名门世家。他的父亲是莱比锡大学的伦理学教授，家族三代都为萨克森政府服务；母亲出身于教授家庭。莱布尼茨从小就在浓厚的学术氛围中长大。

不幸的是，莱布尼茨的父亲在他 6 岁那年就离世了，没有给儿子留下金钱上的财富，却给他留下了不可胜数的私人藏书，莱布尼茨还从父亲那里继承了对历史的喜爱。

莱布尼茨在莱比锡的学校上学，可是教师们古板、一成不变的教育方式并不适用于这个早熟的天才儿童。为了摆脱老师的限制和校规的约束，莱布尼茨利用父亲留下的藏书在家里自学。他 8 岁时开始学习拉丁文，12 岁时就掌握了这门语言，并且能够用拉丁文写出精美的诗歌。随后他又自学了希腊文。

在这个阶段，莱布尼茨展现出了跟笛卡儿相似的智力发展趋势：对古典语文的学习已不再能满足他对知识的追求和渴望，他转向了逻辑学。那时他只是一个不足 15 岁的孩子，却尝试着改革由古典学者、经院哲学家和基督教神父们提出的逻辑学。他真正挑战的其实是亚里士多德提出的逻辑学三段论法。作为学术史上伟大的权威人士，亚里士多德是普通人顶礼膜拜的对象，学者们更将他的逻辑学奉为金科玉律。可是，莱布尼茨认为逻辑学不但应当帮助人们正确地思考和表达，而且应该使人们能够科学地、更有效地进行推理。他想通过数学和符号的组合、运算来思索推理，这种努力成为日后发展出普适符号语言的萌芽，也成为他通向思辨哲学的线索。稍后我们会根据莱布尼茨生平发展的时间顺序，对他的符号语言做进一步阐述。

15岁时，莱布尼茨进入莱比锡大学学习法律。学习法律期间，他还阅读了大量哲学和历史书籍，这是他第一次接触现代哲学家——或者可以称之为自然科学家。开普勒、伽利略和笛卡儿等人著作中描绘的新世界、新观点让他耳目一新。和以前哲学家单纯的思辨方法不同，笛卡儿等人用数学语言分析自然中的数量关系，从而解开大自然和宇宙中无穷无尽的奥秘。而要想了解那些奥秘，就要了解数学、学习数学。

于是，1663年的夏天，莱布尼茨在耶拿大学听了埃哈德·魏格尔的数学讲座。魏格尔称不上一个富有创造力的数学家，他讲的欧几里得几何却令莱布尼茨着迷。虽然此时莱布尼茨并没有为了几何停下他的脚步，但他的心里已经埋下了数学的种子，待到合适时机就会破土而出，长成参天大树。

莱布尼茨回到莱比锡以后，便把精力集中在法律上。1666年，莱布尼茨20岁，也正是在这一年，牛顿为了躲避黑死病，正在伍尔斯索普隐居，这使他创立了微积分和万有引力定律。莱布尼茨则被莱比锡大学拒绝授予博士学位，公开的理由是他太年轻了，真实的原因却是那群目光短浅的教师嫉妒莱布尼茨的博学。

他们嫉妒这位天才的博学者是有理由的。1663年5月，莱布尼茨年仅17岁，就以《论个体原则方面的形而上学争论》一文获得了学士学位。这篇论文虽然是讨论形而上学的，但莱布尼茨以此为基石变革了形而上学的宗旨和基本路径，即便在现代也有深远影响。

莱布尼茨厌恶莱比锡的教师们，于是离开了家乡，前往纽伦堡。他的论文《论教授法律的新方法》令纽伦堡的阿尔特多夫大学分校立即为他颁发了博士学位，并请求他接受法学教授的职位。但是，就像笛卡儿拒绝了陆军中将的头衔一样，莱布尼茨也拒绝了这个职位。他们对自己都有非常清楚的定位，知道自己一生在追寻什么。

莱布尼茨的时代是一个需要且适合产生百科全书式思想家、学者的时代，他无疑是这些百科全书式思想家的杰出代表。在21世纪的我们看来，通才最大的弊病就是"样样稍通，样样稀松"，这是因为一个人的时间、精力有限，如果不能专注于一件事，很可能会什么都学不好。莱布尼茨则无须面对这个问题，他不仅具备天才的大脑，还具有另外一个难能可贵的特点：他有在任何时候、任何地点、任何条件下工作的能力。

这其中最有力的证明是：莱布尼茨的大部分数学著作、法学论文，以及那些令人惊叹的思想火花，都是在既颠簸又四处透风的破马车里写出来的。因工作需要，莱布尼茨总是东奔西走，他有大把的时间耗费在路途之上。为了不浪费这些时间，他便在马车里用各种尺寸规格的纸张写下自己的想法和见解。这些价值不菲的手稿现在被汉诺威皇家图书馆收藏，其中包含15000多封信件，数百部论文草稿、残篇、纲要和笔记。20世纪20年代初，德国的四个机构通力合作，将这些内容编纂成120卷四开本的《莱布尼茨著作与书信全集》，全部出版。这些文稿所涉及的主题从狭义的哲学和数学到科学的大百科，全然超越了纯理论，扩展到广泛的实际事务，涉及的领域之全面令人叹为观止。

另辟天地

1666 年对牛顿来说是创造奇迹的一年，对莱布尼茨来说也是伟大的一年。这个 20 岁的年轻人写了一篇名为《论组合的技巧》的数学论文，他立志要创造出"一个一般的方法，在这个方法中，所有推理的法则都要简化为一种计算。同时，这会成为一种普适的语言或文字，且与迄今为止设想出来的那些全然不同，因为它里面的符号甚至词汇要指导推理；而错误，除去那些事实上的错误，只会是计算上的错误。形成或者发明这种语言或者符号会是非常困难的，但是不借助任何词典，也能很容易懂得它"。

这就是莱布尼茨的"普适符号"。他对这项工作抱以极大的热情，甚至满怀信心地估算了实行他的计划所需要的时间："我想，经过挑选的几个人能够在五年内完成这件事。"

然而直到晚年，莱布尼茨仍没有将这项精妙绝伦的事业进行到底，他被太多别的事情分散了精力。另外，他对于"普适符号"的梦想过于超前，与他同时代的数学家和科学家们将它当作一个疯狂而固执的美梦，没能引起大家的足够重视。所以，莱布尼茨将他那篇《论组合的技巧》称为"中学生随笔"。

莱布尼茨在 20 岁时萌发了普适符号语言的伟大、超前之梦，随后他又断断续续地将这个梦延续了很久，但最终他还是转到了法律、政治和世俗事务之中。为了让莱布尼茨的"普适符号"更有连贯性，这一小节我们集中介绍他所取得的成就。

莱布尼茨认为"普适符号"比笛卡儿的解析几何优越：

> 但是它的主要效用在于能够通过记号（符号）的运算完成结论和推理，这些记号不经过非常精细的推敲或使用大量的点和线，就无法用图形（甚至用模型）表示出来，而过多数目的点和线会把它们混淆起来，因而又不得不做无穷多个无用的实验；与此相反，这个方法会确切而简单地导向"所需要的结果"。我相信力学差不多可以像几何学一样用这种方法去处理。

莱布尼茨对普适符号的这一部分解说，现在被称为符号逻辑。在微积分中，他创造并应用了一部分，比如商"a/b"、比"a：b"、相似"∽"、全等"≅"、并"∪"、交"∩"，以及函数和行列式等。

在 1679 年 9 月 8 日的一封信中，莱布尼茨告诉惠更斯有一种"完全不同于代数的新符号语言，它对于把依赖想象的一切精确而自然地在脑子里再现（不用图形）有很大好处"。

可惜的是，科学发展总会受到时代的限制。17、18 世纪，人们对微积分的发明和应用万分急迫，所以数学家们都一门心思去关注微积分。而普适符号的想法超越了当时两个多世纪，直到 1910 年怀特海和罗素的《数学原理》问世，发起符号推理的现代运动，这门学科才被人们认真对待。而在 19 世纪 40 年代，赫尔曼·格拉斯曼也发明了这种直接用符号处理几何问题的方法。

莱布尼茨最大的悲剧就是他在遇到数学之前先遇到了法学，这让他许多伟大的点子半途而废，倘若当时有人跟在莱布尼茨后面将他散落的数学想法捡拾起来，稍加研究整理，也许数学史就会被改写。不过，太超前于时代的发现未必是好事。

莱布尼茨对于"普适符号"的研究，启迪他发明了二进制。他跟帕斯卡的想法一样：让单调重复的运算机器化，使人类从繁重的计算工作中解放出来。他研究了帕斯卡最初设计制造的十进制数字计算机，并从车船上的里程记录仪器得到启发，1671年，一种能够运算加减乘除的分级计算机被设计出来了，它不仅能进行四则运算，还可以求平方根。但受限于当时机械加工的工艺水平，这台计算机3年后才被真正制造出来。1673年3月，由于莱布尼茨在计算机研制和其他著述上取得的成就，他被选为英国皇家学会外籍会员。可是，莱布尼茨又发现，十进制计数法在机械上应用实在太麻烦了，能不能用较少的数码来表示一个数字呢？

经过不断的摸索，莱布尼茨终于在1678年发明了二进制计数法，即用0和1两个数字可以表示一切数。比如10表示2，11表示3，100表示4，101表示5……

莱布尼茨发明二进制的初衷是简化机械式计算机的操作，二进制对于现代电子计算机却是不可或缺的基础工具。我们现在日常生活中用到的电脑、手机等设备，都是基于二进制制造出来的。

莱布尼茨从小对东方文明,尤其是伟大的中华文明非常向往。他通过法国汉学大师若阿基姆·布韦(汉语名白晋),了解到了中国的《周易》和八卦图。在莱布尼茨看来,八卦中的"阴"和"阳"就像他的二进制的中国版。如果把阴爻看作 0,把阳爻看作 1,所有的卦象就可被看成 0 和 1 的组合。比如坤卦就是 000000,乾卦就是 111111,大有卦就是 111101,等等。六十四卦图,正好对应二进制中 0 到 63 这 64 个数字。

不过,这只是莱布尼茨一厢情愿的看法。阴阳八卦是中国古籍中用来解释自然万物的学说,它本身不具备运算功能。但莱布尼茨仍为这个巧合感到振奋,他通过一些曾经前往中国的传教士了解到了许多关于中国的情况,将这些资料编辑成了一本《中国近况》出版,并提出了自己的见解:中西方相互之间应建立一种交流和认识的新型关系。与帕斯卡将计算机献给心爱的瑞典女王克里斯蒂娜一样,莱布尼茨将他发明的机械计算机通过白晋献给了中国的康熙皇帝,以表达自己对中华文明的崇拜与敬仰之情。

莱布尼茨的微积分

莱布尼茨的博士论文让他受到美茵茨选帝侯大主教手下一名男爵的注意,被推荐到高等法庭为选帝侯服务。1672 年,莱布尼茨被派到巴黎,以动摇路易十四对入侵荷兰及其他西欧日耳曼邻国的计划,为征服埃及策划一场圣战。这两项政治计划都没有成功,但莱布尼茨进入了巴黎的知识圈,结识了惠更斯。

克里斯蒂安·惠更斯是荷兰著名的物理学家、数学家和天文学家。他建立了向心力定律，提出了动量守恒原理，在摆钟的发明和光的波动理论等方面都有突出成就。与此同时，他是一个很有才能的数学家。

惠更斯送给莱布尼茨一本自己的关于钟摆的数学著作《摆动的时钟》。在这部著作里，惠更斯利用数学方法揭示了一个力学规律：沿着摆线弧摆动的钟摆，不论振幅大小，做一次完全摆动的时间是相同的。这就是复摆的等时性。莱布尼茨完全被书里出神入化的数学力量迷住了，他为自己以前错过了这个时代的数学而深深懊恼，请求惠更斯给他上数学课。

惠更斯自然不会拒绝莱布尼茨这种具备一流头脑的天才。在惠更斯这位专家的指导下，莱布尼茨很快进入了角色，他是一个天生的数学家。

然而，莱布尼茨的数学课在1673年被迫中断，他作为选帝侯的随员又被派往伦敦。在伦敦期间，莱布尼茨结交了不少英国数学家，他们慷慨地向这位通才朋友介绍了墨卡托求双曲线面积的方法，这个方法正是牛顿发明微积分学的线索之一。由此，莱布尼茨学习到了无穷级数的方法，并对它进行了深入研究，还得到了一个有价值的发现：如果 π 是圆的周长与直径之比，那么级数 $\frac{\pi}{4}=1-\frac{1}{3}+\frac{1}{5}-\frac{1}{7}+\frac{1}{9}-\frac{1}{11}+\cdots$ 可以同样的规律无穷继续。这不是计算 π 值的实用方法，但它揭示了 π 和所有奇数之间存在一种简单又美妙的联系，这太令人惊叹了！

惠更斯对莱布尼茨离开巴黎期间做出的工作感到高兴，他鼓励莱布尼茨继续做下去。老师兼好友的鼓舞，让莱布尼茨对这门呼之欲出的新学科投入了巨大的热情和努力，他夜以继日地研究着，写出了上千页手稿和笔记，他将符号的概念应用到了微积分里，各种各样的符号被创造出来。

1675年10月29日，后世应用的积分符号∫被创造出来，它是拉丁字母sum（意为"和"）第一个字母的拉长。同年11月11日，莱布尼茨完成了论文《切线的相反方法的例子》。他在这篇文章中断言：作为求和过程的积分，是微分的逆运算。这也成为后世以牛顿–莱布尼茨命名的微积分的基本定理。

此后5年，莱布尼茨不断完善、修正他的微积分理论，终于在1680年建立了他的无穷小方法。他在计算坐标系内曲线下面图形的面积和曲线绕x轴旋转所得的旋转体体积中，使用了无穷小的术语。

1684年，莱布尼茨在他创办并主编的《教师学报》上首次发表了他的微积分论文。这篇论文有一个很长的题目：《一种求极大值与极小值以及切线的新方法，它也适用于分式和无理数，以及这种新方法的奇妙类型的计算》。从这以后，莱布尼茨微积分的有关成果陆续发表。

作为哲学家的数学家，莱布尼茨在微积分创立过程中，基于他哲学上的"单子论"，认为单子是能动的、不能分割的精神实体，是构成万物的基础和最后单位，提出了无限小的思想，这是和牛顿的物理方向截然不同的，因此后世认为莱布尼茨独立于牛顿之外发明了微积分。

1677年到1704年，莱布尼茨的微积分学先于牛顿，在欧洲大陆发展成一个易应用的强大数学工具。其中，瑞士巴塞尔的雅科布·伯努利和约翰·伯努利兄弟功不可没。

伯努利家族是历史上有名的科学世家。仅就数学来说，自雅科布和约翰兄弟以来，伯努利家族至少产生了 11 位具有世界声望的数学家。雅科布在《教师学报》上看到莱布尼茨发表的微积分论文后，决定放弃他的神学专业，转而成为研究微积分的大师。他的弟弟约翰原本是名医生，在哥哥的影响下也成了数学家。

伯努利兄弟和莱布尼茨建立了密切的通信交流和深厚的友谊，他们成为彼此的崇拜对象。伯努利兄弟被莱布尼茨非凡的洞察力和敏锐的思维所震撼，莱布尼茨则深深钦佩兄弟俩对数学坚持不懈的钻研精神。双方的关系日益密切，甚至当兄弟俩为发明的优先权争执时，莱布尼茨也不避嫌，以他特有的外交才能居中调解。他们的交流合作使莱布尼茨的微积分在欧洲大陆得到迅速推广与应用，并形成了著名的"大陆学派"。

关于微积分发明权之争，在牛顿那章我们已经有所阐述，通过对莱布尼茨微积分的介绍，我们也可以清楚地看到两人对微积分的理解和出发点全然不同。莱布尼茨在 1673 年与牛顿结识后，两人通过信件交换了许多学术思想。但 1676 年 10 月 27 日，牛顿在来信中表示不愿意继续保持通信。对于这件事，牛顿在 1687 年回忆说："大约 10 年前，在和非常博学的数学家莱布尼茨的通信中，我告诉他，我发明了一种可以求极大值与极小值、做出切线，以及解类似数学问题的方法。这种方法对于无理数和有理数同样有效。当我谈到这点时，我没有把方法告诉他。这位知名人士回信告诉我，他也想到了一种类似的方法，并且把它告诉了我。他的方法除了定义、符号、公式和算出数的想法在形式上和我的不一样，其他几乎没有多大的差别。"

牛顿的这段话是证明两人独立发明微积分的又一力证。牛顿从物理学出发，运用几何方法研究微积分，其应用上更多地结合了运动学，造诣高于莱布尼茨。莱布尼茨则从几何问题出发，运用分析学方法引进微积分概念，得出运算法则，其数学的严密性与系统性是牛顿所不及的。

莱布尼茨认识到好的数学符号能节省思维劳动，运用符号的技巧是数学成功的关键之一。因此，他所创设的微积分符号远远优于牛顿的符号，这对微积分的发展有极大影响。

然而，傲慢无知、古板教条的英国人毫无节制地指责莱布尼茨偷窃了牛顿的流数法，这也让他们故步自封，一味地争取微积分的发明权，而忽略了继续发展这门学科。

当莱布尼茨的微积分在伯努利兄弟的帮助下逐渐流行于欧洲大陆的时候，英国皇家学会却在 1712 年公开指责莱布尼茨剽窃了牛顿的流数法。这种毫无根据的行径不仅让莱布尼茨大为恼火，还激起了欧洲大陆追随他的人群起反击，因为他们学的微积分可是莱布尼茨的微积分。

1714 年，莱布尼茨写出了《微分学的历史和起源》，记述了他关于微积分创立的思想发展，这也是对英国人污蔑的反击。随后，他又利用《教师学报》，用第三人称为自己辩护："在莱布尼茨建立这种新运算的专用观念以前，它肯定没有进入任何人的心灵。"

其实，微积分的发明不是牛顿和莱布尼茨一两个人的功劳。

微积分的历史可以追溯到 2500 年以前，从芝诺的悖论、欧多克斯的穷竭法一直到笛卡儿、费马的坐标几何，帕斯卡、巴罗的特征三角形，每一步都是微积分发展的重要阶梯。牛顿和莱布尼茨在前人的基础上，终于参透了微分和积分运算的互逆性，这才建立了微积分的基本定理。但是在建立之初，它的基础还存在很多问题，它的应用更如无垠宝藏亟须开发。后人又在他们的基础上，不断打磨深化，才最终有了今天的微积分。

通才之悲

莱布尼茨人生中的最后 40 年都被用来为不伦瑞克家族服务。他是这个家族的图书管理人、历史学家和总智囊，总共为三任主人服务过。在他的诸多职能中，最重要也最繁重的一项就是为家族编纂史书，目的是让不伦瑞克家族看起来有得天独厚的权力优势，如果他没能从史料中找到相关证据，就必须在历史的蛛丝马迹中尽量合情合理地炮制一些出来。

家族史研究让莱布尼茨在 1687 至 1690 年跑遍了整个德意志，然后又去了奥地利和意大利。在意大利逗留期间，莱布尼茨访问了罗马，教皇极力要他接受梵蒂冈图书馆馆长的职位，并且附带了一个条件——莱布尼茨必须成为一个天主教徒。

莱布尼茨拒绝了这个职位，因为他曾经谋划让新教和天主教合并。当时新教从天主教中分裂出来还不太久，所以把它们重新合并的计划听起来还没那么荒谬。他还试图把他那个时代的两个新教派别联合起来，结果是他的这些计划都失败了，莱布尼茨低估了人类对宗教信仰的固执。

莱布尼茨进而转向了哲学，不想再被卷入宗教纠纷。莱布尼茨把人生的 1/4 都贡献给了哲学，他在 1686 年完成《形而上学谈话》，发展并丰富了形而上学；1695 年，在期刊发表《新系统》，论述了实体间与心物间之"预定和谐"理论，使他的哲学理论被广泛认识；1714 年，莱布尼茨在维也纳完成了他大名鼎鼎的《单子论》。至此，他将自己对于宇宙万物的思考与探索都归结到"单子"之中，形成了一整套属于莱布尼茨的哲学体系。

1700 年，莱布尼茨被召回柏林，担任年轻的选帝侯夫人的家庭教师。在这期间，他说服勃兰登堡大选帝侯腓特烈三世在柏林成立科学院，并由他自己担任首任院长。直到纳粹"清洗"这个科学院，它一直是世界上居于领先地位的学术机构之一。

多个学术领域的研究分散了莱布尼茨的注意力和精力，他想在德国某地建立采矿业，想在德累斯顿、维也纳和圣彼得堡创办科学院……但是这些计划，除了为彼得大帝拟定的圣彼得堡科学院计划在他死后实现外，其他均告失败。他也试图在力学和物理学领域有所建树，却缺乏伽利略、牛顿、惠更斯、笛卡儿等人所具备的坚定鲜明的立场与观点。

莱布尼茨的悲剧在于他感兴趣的事情太多，又太爱钱了。他没法拒绝贵族付给他的高昂薪酬和赏赐，他将自己毕生绝大部分精力都投入了为贵族服务中。然而，对于不伦瑞克家族冗长的家族史，到他去世都没有完成编纂——那本来就是个谁也不可能完成的弄虚作假的任务。

到了晚年，莱布尼茨疾病缠身，疲惫不堪。1714年9月，他回到了不伦瑞克，得知他的雇主乔治·路易选帝侯准备前往伦敦，去当英国历史上的第一位德意志国王，莱布尼茨希望能跟随前往。尽管他与牛顿的争执给他在英国学术界树敌颇多，但再次与那些充满睿智的人对峙，也许他还能碰撞出意想不到的思想火花。充满讽刺意味的是，乔治拒绝了这位替他家族服务了一生的老人的请求。

1716年11月14日，莱布尼茨于汉诺威孤独地过世。他像牛顿一样，终身未娶，身边只有他的秘书守候。在他去世前几个月，他才完成一份关于中国人的宗教思想的手稿：《论中国人的自然神学》。他的雇主乔治本人当时正在汉诺威，但他和宫廷里其他人一样，并没有来参加这位才学出众的老人的葬礼。

1843年，不伦瑞克家族史得以出版，但它究竟有多少内容出自莱布尼茨之手，只有在考证过莱布尼茨的手稿后才能确定了。

莱布尼茨作为数学家留下的微积分、数学符号和二进制，直到今天仍在各个领域发挥着无与伦比的巨大作用。

7

伯努利家族
The Bernoullis

这些人一定取得了许多成就，并且出色地达到了他
们为自己制定的目标。

——约翰·伯努利

$$\frac{v^2}{2} + V + \frac{p}{\rho} = C_{lo}$$

自 1929 到 1933 年的大萧条冲击西方文明以来，优生学家、实验遗传学家、心理学家和政治家们出于不同的原因，对于遗传与环境的关系争论不休，并产生了许多不同的观点。在众多观点中，"环境可以影响人的能力"这种极端认知认为：只要给予机会，任何人都能成为天才。另一种极端"遗传决定论"认为：天才是天生的，即便在伦敦的贫民窟中也能出现天才。这两个极端之间还充斥着各种各样的看法，而比较中立的观点普遍认为：遗传的先天因素决定是否会出现天才，但是，如果没有后天环境有意或无意的培养，天才也会枯萎衰败。

数学史为研究这个有趣的问题提供了非常丰富的材料，尤其是在证明普遍中立的观点方面，数学家们的生活史为其提供了丰富的证据。这其中最令人吃惊的要数伯努利家族。

伯努利家族在 17 世纪和 18 世纪微积分学及其应用的发展中做出了巨大贡献，他们中的许多人帮助完善了微积分这门学科，使得才智普通的人也能运用微积分去发现科学中的伟大成果——没有微积分的助力，就连最伟大的古希腊人也没法揭示那些成果。伯努利家族和瑞士数学家欧拉无疑是这些普通人的领袖。但伯努利家族在数学方面做的工作太多了，多到难以在本书中一一道来，所以我们把他们放在一起做简略的介绍。

科学豪门

伯努利家族在 3 代人中产生了 8 位数学家，其中有几个特别突出，而他们又留下了一大群后裔，其中约有半数人天资过人。伯努利家族延续到今天，仍然有许多优秀的人物。人们曾经按照家谱查询过伯努利家族超过 120 位后代，在这群庞大的后裔中，大多数人在法律、古典学识、科学、文学、神学、法学、医学、管理和艺术上都取得了成功，有的甚至还做出了卓越贡献，他们之中没有人失败。如果单看这个家族的第二代、第三代从事数学研究的成员，最值得注意的事情是他们并不是有意选择数学作为职业的，换句话说，他们最开始的职业并不是数学，但他们在接触到数学后就如同上瘾般爱上了这门学科，不由自主地放弃了自己原本的职业，投入数学的怀抱。

伯努利家族的原籍在比利时安特卫普。16 世纪，欧洲爆发宗教改革运动，新教从罗马普世大公教会中脱离，与天主教、东正教并称基督教三大流派，这三大流派在很长一段时间内相互压迫，宗教争斗不断。伯努利家族由于信奉新教，长期受到天主教徒的迫害。于是，为了逃避天主教徒对新教教徒的大屠杀，伯努利家族在 1583 年逃离了安特卫普。

他们先去德国的法兰克福避难，不久后迁往瑞士的巴塞尔。为了在当地立足，伯努利家族的奠基人老尼古拉与巴塞尔一个最古老的家族联姻，成了一个富甲一方的大商人。如果继续追溯老尼古拉的祖父和曾祖父，那么会发现他们都是通过娶了商人的女儿，成为商人，然后聚集了大量的财富。在瑞士定居后，老尼古拉和妻子一口气生了三个儿子，他们分别是雅科布第一、尼古拉第一和约翰第一。这三个儿子的智商都非常高，老尼古拉也对他们寄予厚望。他靠着经商致富，所以他希望三个儿子可以继承他的衣钵，传承家业。然而，三个儿子都阴错阳差地被数学"拐走"了。

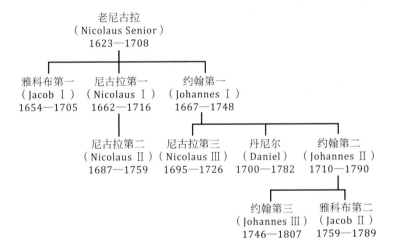

在伯努利家族卓越的数学人才中，我们只选取其中3位代表人物做简要介绍。

雅科布第一

1654 年 12 月 27 日，雅科布第一在巴塞尔降生。他按照父亲的意愿，学习了神学，并分别在 1671 和 1676 年获得艺术硕士和神学硕士学位。年仅 22 岁便取得双硕士学位，足见雅科布第一非凡的天赋。

1676 年，雅科布第一开始在荷兰、英国、德国、法国等地旅行。他在旅途中结识了莱布尼茨、惠更斯等著名科学家，并通过阅读莱布尼茨的《教师学报》自学了微积分学，且长期与莱布尼茨保持通信联系，他们在信中互相探讨微积分的有关问题。1687 年回国后，雅科布第一担任巴塞尔大学数学教授，教授实验物理和数学，直至去世。1699 年，由于其杰出的科学成就，雅科布第一当选为法兰西科学院外籍院士；1701 年，被柏林科学院接纳为会员。

雅科布第一是最先一批对微积分学的发展做出重大贡献的人之一，使微积分学超越了发明者牛顿和莱布尼茨刚创造时的状态，并把它应用到可以创造更多价值的新问题上。除此之外，雅科布第一对解析几何、概率论和变分法都有极其重要的贡献。

由于本书经常会提及变分法，如欧拉、拉格朗日和哈密顿的工作都涉及这个问题，我们就先来了解一下雅科布第一在变分法中取得的成就。

变分法的起源非常古老，在古罗马诗人维吉尔的史诗《埃涅阿斯纪》中就出现了变分法问题的影子。这个问题讲的是在建立迦太基城的时候，一个人在一天内犁出的沟能圈起多大的面积，这座城就可以建多大。用数学的语言描述就是：对于同样周长的各种形状，谁的面积最大？本质上这是个等周问题。

答案显而易见，是圆形。但是想证明这个答案不容易，解决这个问题的核心就是使某个确定的积分在满足一个限制条件下取最大值。雅科布第一解答了这个问题，并且推广了它。

1697 年，约翰第一为了解决物理中的最速降线问题，首先发现一个有质量的质点不论起点在摆线的什么地方，下落的时间总是相同的。这使约翰第一觉得它是某种奇异而美妙的东西："我们可以公正地称赞惠更斯，因为他首先发现了一个有质量的质点无论起点在摆线的什么地方，下落的时间总是相同的。但是当我说，这与惠更斯的等时线是同一条曲线，也正是我们在寻找的最速降线，那你可能就会惊呆了。"

与此同时，牛顿、惠更斯等人也发现了这个问题，雅科布第一也变得热心起来，他跟弟弟通过交流一起证明了摆线是最速下降曲线。这就是用变分法解决问题的典型例子，类似的还有费马在光学中的最小时间原理、哈密顿在动力学中的原理等，可以说数学物理学领域中有许多问题都能被归结为简单的变分原理。

雅科布第一自 1685 年起，发表了关于赌博游戏中输赢次数问题的论文，后来写成巨著《猜度术》，这本书在他死后 8 年，即 1713 年才得以出版。他在这部论著中写的很多内容，对现代概率论、保险、统计学以及遗传学的研究和应用都有重要意义和作用。

雅科布第一对微积分发展的重大贡献之一，就是解决了悬链线的问题。这个问题起源于达·芬奇。作为文艺复兴三杰之一，达·芬奇不仅是意大利杰出的画家，还是位数学家、物理学家和机械工程师。他通过各种精确的数学计算，来处理画中人物的比例结构、半身人像与背景间关系的构图等问题。我们欣赏他的《抱银貂的女人》时，常被画中人脖颈上悬挂的黑色珍珠项链与女主人公相互映衬的美和光泽深深吸引。达·芬奇在画项链时，却在苦苦思索一个问题：固定项链的两端，在重力的作用下自然下垂，那么项链所形成的曲线是什么？这就是著名的悬链线问题。

悬链线问题可不是达·芬奇在画画时吹毛求疵的无聊之举，当雅科布第一解决它之后，悬链线便被普遍应用于悬桥和高压输电线。如今，它只是微积分学或力学初等课程中的一道练习题，但雅科布第一和莱布尼茨却是探索它的历史第一人，并且历经了重重困难才将它解答出来。

雅科布第一在生命行将结束时，痴心于研究对数螺线。他发现，对数螺线经过各种变换后仍然是对数螺线：如它的渐屈线和渐伸线是对数螺线，自极点至切线的垂足的轨迹，以极点为发光点经对数螺线反射后得到的反射线，以及与所有这些反射线相切的曲线（回光线）都是对数螺线。他惊叹于这种曲线的神奇，竟在遗嘱里要求后人将对数螺线刻在自己的墓碑上，并附以颂词"纵然变化，依然故我"，以表达他对对数螺线的热爱。

雅科布第一的座右铭是：我违父意，研究群星。老尼古拉对于儿子从事数学和天文学十分不满意，但最终也无可奈何，毕竟雅科布第一在这方面的才能无可阻挡。这个座右铭也对天才到底是"先天"诞生，还是"后天"成就进行了论定，显然如果雅科布第一听从了父亲的安排，那他就会成为一个神学家，而非一名成就斐然的数学大师。

约翰第一

约翰第一是雅科布第一的弟弟，他最先选择的职业是医生，而非一名数学家。约翰第一是一个爱憎分明的人：莱布尼茨和欧拉是他的神，而牛顿是他憎恨和永远都贬低的人。这是因为莱布尼茨的微积分将他引入了数学世界的神圣大门，欧拉则是他培养的最得意、最自豪的弟子。而倒霉的牛顿由于跟莱布尼茨竞争微积分的发明权，注定要受到约翰第一的憎恶。

老尼古拉对雅科布第一栽培不成，便将希望转移到约翰第一身上。约翰第一首选了医学和人文科学，略比哥哥强点，父亲也就没过于强迫他。约翰第一于1690年获医学硕士学位，1694年又获得博士学位，可通过哥哥，他接触到了微积分，从此疯狂地爱上了数学，并于1695年获得荷兰格罗宁根大学数学教授的职位。10年后的1705年，约翰第一接替去世的雅科布第一，成为巴塞尔大学的数学教授。同他的哥哥一样，他也当选为法兰西科学院外籍院士和柏林科学院会员。1712、1724和1725年，他还分别当选为英国皇家学会、意大利波伦亚科学院和俄国圣彼得堡科学院的外籍院士。眼看着约翰第一步了大儿子的后尘，不知老尼古拉该作何感想。

约翰第一在数学上比他的哥哥还要多产，他的大量论文涉及曲线的求长、曲面的求积、等周问题和微分方程，为在欧洲传播微积分学做了大量工作。指数运算也是他发明的，他还对哥哥雅科布第一关于悬链线的问题做过解释。1696年，他提出寻求能使质点从一已知点最快到达另一已知点的曲线问题，并给出了这个问题的解，称所得曲线为"最速降线"。1728年，他在研究弦的振动时已知道基本振型是正弦型的，但还不知道高阶振型的性质，1742年则研究过双重摆大幅度摆动的微分方程。他一生中与同代科学家100多人通信2000多次，讨论了各种学术问题。

除了数学，约翰第一的研究范围还包括物理、化学和天文学。在应用方面，约翰第一对光学做出了很大贡献，写了关于潮汐理论和船只航行的数学理论文章，解释了力学中的虚位移原理。约翰第一是具有非凡体力和智力的人，直到80岁高龄去世前，他仍保持着活力。

作为一个情感层次丰富的人，他和哥哥雅科布第一相处得并不太好。伯努利家族的人对待数学极其认真，这也导致他们在讨论数学问题时，言语之间火药味十足。约翰第一的好胜心更强，他在等周问题上和哥哥爆发了激烈的争吵，连莱布尼茨都不得不出面为他们调解。约翰第一还跟儿子同时竞争法兰西科学院的一个奖项，最终因为儿子获胜，而把儿子赶出了家门。不过，人们在牌桌上打牌的时候都能激动得大喊大叫，约翰第一为了令人激动不已的数学勃然大怒、醋意大发，似乎也没有什么不合情理，这反倒说明他深深热爱着这门学问。

关于约翰第一跟哥哥在学术上的较量，还有个有趣的故事。他在莱布尼茨主办的《教师学报》上提出了最速降线的问题，面向整个欧洲大陆征集答案。这个问题就是针对哥哥提出来的。

当时欧洲所有杰出的数学家看到这个题目后，都跃跃欲试。到最后，约翰第一收到了 5 份答案：他自己的、莱布尼茨的、洛必达侯爵的、哥哥雅科布第一的、盖着英国邮戳的匿名者的。这个来自英国的匿名者就是牛顿，我们在牛顿那章中提到过，他在造币局工作一天后，用了一晚上的时间解答了约翰第一的挑战。

在这 5 份答案中，约翰第一的解答运用了费马光学原理，漂亮地解决了问题。从影响力来说，约翰第一的做法真正体现了变分思想。这个思想是把每条曲线都看成一个变量，在每条曲线上所用的时间便是曲线的函数，这就是泛函。这种方法类似微积分求最大值和最小值，若把微积分推广到一般函数空间里去，就成了"变分法"。不过，变分法真正成为一门理论，还要归功于约翰第一的弟子欧拉和法国的拉格朗日。

雅科布第一和约翰第一的兄弟尼古拉第一，在数学上也很有天赋。像他的兄弟们一样，他开始也选错了职业。他 16 岁时在巴塞尔大学取得了哲学博士学位，20 岁时取得了法学的最高学位。他先在伯尔尼任法学教授，而后才在圣彼得堡科学院从事数学工作。去世时，他受到了极高的评价，因而叶卡捷琳娜女皇为他举行了由国家承担的公开葬礼。

丹尼尔和伯努利家族其他的数学天才

遗传因素还在伯努利家族的第二代里奇怪地出现了。1700

年 2 月 9 日，约翰第一的第二个儿子出生于荷兰格罗宁根。约翰第一重蹈了他父亲的覆辙，强迫丹尼尔去从事连他自己都不喜欢的商人行业。

丹尼尔自 11 岁起，就跟随只比他大 5 岁的哥哥尼古拉第三学习数学。在他父亲强迫他进行职业选择的时候，他优先选择了医学。大概他认为医生是父亲从事的第一个职业，先选择医学更容易让父亲认可自己的道路。事实证明，他的决策是正确的，当他开始投身于数学的时候，他得到了哥哥和父亲的大力培养。

丹尼尔在数学领域取得了不输于家族前人的伟大成就。1724 年，他在威尼斯旅行时发表《数学练习》，引起学术界关注，并被邀请到俄国圣彼得堡科学院工作。同年，他还用变量分离法解决了微分方程中的"里卡蒂方程"。1725 年，25 岁的丹尼尔受聘为圣彼得堡科学院数学教授，并被选为该院名誉院士。1733 年，他返回巴塞尔，教授解剖学、植物学和自然哲学。丹尼尔的贡献集中在微分方程、概率论和数学物理，被誉为"数学物理方程的开拓者和奠基人"。

丹尼尔和伟大的欧拉是密友，有时也是友好的竞争对手。他像欧拉一样，赢得了 10 次法兰西科学院奖金，虽然有几次是与其他竞争者共同分享的，但这个成绩也足以令人望尘莫及了。关于他与欧拉的友谊，故事非常多，其中一个就是他向欧拉提出具体建议，使欧拉解出弹性压杆失稳后的形状，即获得弹性曲线的精确结果。1733 到 1734 年，他和欧拉在研究上端悬挂的重链的振动问题时用了贝塞尔函数，并在由若干个重质点串连成的离散模型的相应振动问题中引用了拉盖尔多项式。

丹尼尔最杰出的工作是关于流体动力学的，他在 1738 年写出了著作《水动力学，关于流体中力和运动的说明》，书中提出流体力学的一个重要定理，反映了理想流体——不可压缩、不计黏性的流体——中能量守恒，这个定理及其公式后来被称为伯努利定理和伯努利方程。

关于丹尼尔，还有个有趣的逸事。有一次在旅途中，年轻的丹尼尔同一个风趣的陌生人闲谈，他谦虚地自我介绍说："我是丹尼尔·伯努利。"陌生人立即带着讥讽的神情回道："那我就是艾萨克·牛顿。"作为丹尼尔，这是他有生以来受到过的最诚恳的赞颂，这使他一直到晚年都甚感欣慰。

从遗传的观点看，丹尼尔的天性中存有明显的思辨哲学气质，同样的气质也出现在许多遭受宗教迫害的著名流亡者的后代身上。

约翰第一的三个儿子都不约而同地走上了数学的道路。尼古拉第三和约翰第二重复着家族择业的传统：选择法律作为自己的第一职业，因为受到哥哥们的影响而爱上了数学，从而成为一名数学家。

不过，约翰第二的成就主要是在物理学方面，由于成绩卓著，他曾三次获得巴黎大奖。

约翰第二的儿子约翰第三，也继承了伯努利家族选错第一职业的传统，像他的父亲一样从法律开始。他 13 岁取得哲学博士学位，到 19 岁找到了他心爱的数学，在柏林被任命为皇家天文学家。他的兴趣包括天文学、地理学和数学。

约翰第二的另一个儿子雅科布第二，一开始当了律师，21 岁时转向了实验物理学，成了圣彼得堡科学院数学和物理分部的成员。他娶了欧拉的一个孙女，不幸的是，由于意外，他于30岁溺水早亡，因此没有留下太卓越的成就，我们也就难以洞察他的真正才干。

尽显数学天赋的伯努利家族还有数不清的例子，不过其余的成员没有这几位那么突出。有人认为，岁月使血统变得淡薄，天才的基因也因此被稀释。

但实际情况恰恰相反。当数学是那些出类拔萃的天才聚集、耕耘、能取得最高荣誉的领域时，有天赋的伯努利家族就去占领数学世界的最高峰，就像在微积分刚被发现的那个辉煌的时期，伯努利家族群星荟萃。而当数学和科学变成了人类可以取得无上荣誉的两个领域时，他们便将家族中的精英派往其他更容易立足的领域，这样才能令伯努利家族永葆昌盛。

毕竟，只要在后天的生活环境中认真培养和引导，天才永远是天才，没有必要非要给他扣上要比之前"更好"或"更高"的帽子，那只是我们的一厢情愿罢了。他们所追求的可以是数学、生物学、社会学，甚至是桥牌或者高尔夫球，也许伯努利家族不再把数学作为家族传统正是他们家族展示天赋的又一个例证。

8

欧拉
Leonhard Euler

历史表明，那些鼓励数学——一切精确科学的共同
源泉——研究的帝王也是治世最英明、光荣最持久
的帝王。

——米歇尔·夏斯莱

$e^\wedge(ix) = cosx = isinx$

$a^\wedge[\ (n)] = 1(mod\ n)$

$\mathcal{R} + \mathcal{V} - \mathcal{E} = 2$

莱昂哈德·欧拉是历史上著作最多的数学家，他是西方世界文艺复兴之后数学世界的集大成者，他继承并发扬了17、18世纪以来数学大师们取得的成就，为后世奠定了继续攀登的坚实阶梯。拉普拉斯曾说："读读欧拉，他是我们大家的老师。"欧拉正值壮年时右眼视力恶化，近乎失明，又在学术全盛时期完全丧失了视力，但尽管如此，他一生中仍平均每年写出800多页数学论文。欧拉能够专注于数学研究，得益于腓特烈大帝和叶卡捷琳娜二世的全力资助，从圣彼得堡到普鲁士，再重新回到圣彼得堡，统治者们的供养让他得以养育全家18口人。而他也没有辜负投资者们的馈赠，将数学理论转化为了丰厚的应用回报。

数学时代的集大成者

　　法国物理学家、天文学家阿拉戈曾说："欧拉计算毫不费力，就像人呼吸或者鹰在风中保持平衡一样。"这句评语绝对没有夸大欧拉无与伦比的数学才能。

莱昂哈德·欧拉被同时代的人称为"分析的化身"。他的数学事业开始于牛顿去世的那一年，那时发表于 1637 年的解析几何已经应用了 90 年，微积分诞生了 50 年，物理天文学的钥匙——牛顿的万有引力定律——也已呈现在数学界 40 年了。在这些领域中，大量孤立的问题都得到了解决，在统一方面也有一些零零星星的重要尝试，但是还没有人对包括纯数学和应用数学在内的整个数学体系开展系统的研究。特别是笛卡儿、牛顿和莱布尼茨的分析方法，还没有被开发到它们本应该能达到的极限，在力学和几何学中尤其如此。

在那个时代，数学和三角学已在一个较低的水平上系统化并扩展了，特别是后者，已经基本完善。欧拉也证明了他的确是个大师。事实上，欧拉多方面才华的极为显著的特点之一，就是在数学的两大分支——连续的和离散的数学——具有同等的能力。

欧拉作为一名算法学家，从来没有人超过他，甚至无人能与之匹敌。算法学家就是为解决特殊类型的问题设计"算法"的数学家。举一个很简单的例子：假设每一个正实数都有一个真正的平方根，那么该如何计算这个根呢？算法学家则根据许多已知的方法，设计出更简便、易懂、可行的方法。再举一个例子，在丢番图分析或积分学中，一个问题的解答可能不是现成的，要用其他变量的函数做一些巧妙且简单的代换，而算法学家就是能立即想到这种代换的数学家。想出代换过程没有统一的方法，算法学家就像机敏的打油诗人，他们天生如此，没法通过后天学习造就。

在今天，看不起"纯算法学家"似乎很流行。可是，当一个像印度的拉马努扬那样真正的数学家出现时，就连分析专家们都会把他当作从天而降的天才去为他欢呼。因为一位真正的"纯算法学家"，面对表面看起来毫无关联的各种公式，那超自然的洞察力会揭示出从一个领域通向另一个领域的隐秘线索，这就为分析学者们提供了弄清这个线索的新任务。一个算法学家是一个"形式主义者"，他因这些公式的美丽而热爱这些美丽的公式。

欧拉还是历史上著作最多的数学家。直到今天，几乎每一个数学领域都可以看到欧拉的名字，从初等几何的欧拉线、多面体的欧拉定理、立体解析几何的欧拉变换公式、四次方程的欧拉解法，到数论中的欧拉函数、微分方程的欧拉方程、级数论的欧拉常数、变分学的欧拉方程、复变函数的欧拉公式，等等，数也数不清。

他到底出了多少著作？直至1936年，人们也没有定论。但据估计，要出版已经搜集到的欧拉的著作，将需用大4开本60到80卷。圣彼得堡科学院为了整理他的著作，整整花了47年。1909年，瑞士自然科学联合会曾着手搜集、出版欧拉散佚的学术论文。这项工作是在全世界许多个人和数学团体的资助之下进行的。这也恰恰显示出，欧拉不仅仅属于瑞士，而是属于整个文明世界。为这项工作仔细编制的预算，按照1909年的钱币计算，约合80000美元，却又由于在圣彼得堡意外地发现了大量欧拉的手稿而被完全打破。然而这还不是他著作的全部，因为他有一部分手稿在圣彼得堡的大火中被焚毁了。欧拉曾说他的遗稿大概够圣彼得堡科学院用20年，但实际上，在他去世后的第

80年，圣彼得堡科学院院报还在发表他的论著。

欧拉写作他的伟大的研究论文，就像下笔流畅的作家给密友写信一样容易，甚至在他完全失明的17年里，他还口述了几本书和400篇左右的论文。如果说失去视力对欧拉有什么影响的话，那就是使欧拉对他想象中的内部世界的洞察力更加敏锐。19世纪伟大的数学家高斯曾说："研究欧拉的著作永远是了解数学的最好方法。"欧拉实际上支配了18世纪的数学，并对后世开拓数学领域起到了至关重要的作用。

欧拉的时代

在讲欧拉平静但有趣的一生之前，我们必须略加了解他那个时代的相关背景，因为每个时代都有它的特色，这些时代的特定因素促成了欧拉做出那些令人叹为观止的成就。

18世纪的特色之一，也是它与21世纪巨大的不同之处：大学不是欧洲科学的主要研究中心。这是因为当时的大学更注重古典教育，但欧洲大陆的人文主义已经衰败为一种烦琐的经院哲学，那些人对发展迅猛的科学研究视而不见，并且对科学抱有一定的敌意。在诸多科学门类中，数学由于和古典传统的关系相对密切，尚且受到尊重，诞生较晚的物理学则受到怀疑和排斥。而且，当时大学的数学教授只被要求教授初等数学，即便他们对数学有所研究并取得一定成果，也得不到来自大学的任何奖励。于是，大学里的数学教授很少有人愿意对数学进行深入研究，这种吃力不讨好的事某种程度上还会令他们丢掉大学的差使，影响生计。所以，在这种状况下，18世纪的大学不可能对科学研究起到主导作用。

那么，当时的第二个特色就浮出了水面：那些目光远大的统治者成了推动科学发展的主导因素，在他们的支持下，各种各样的皇家科学院如雨后春笋般蓬勃发展。支持欧拉的有普鲁士的腓特烈大帝和俄国的叶卡捷琳娜二世，他们的开明和慷慨使数学在整个18世纪得到了充分的发展。莱布尼茨规划了柏林和圣彼得堡这两个科学院，他为欧拉在这里创造出惊人的数学论著提供了机会和助力。所以，在某种意义上，欧拉是莱布尼茨的后代。

柏林科学院故步自封，日渐衰落了40年，腓特烈大帝鼓励欧拉，让它重新恢复了活力；莱布尼茨为彼得大帝规划的圣彼得堡科学院，在叶卡捷琳娜一世手中拔地而起，并被委以重任。

这些科学院与今天西方世界的科学院有所不同，现代西方一些科学院的主要职责是奖励从事科研工作而取得成绩的成员。18世纪的科学院主要是研究机构，它们付钱给加入科学院的成员使其从事科学研究工作，并且出手阔绰，所支付的薪俸和奖金足够一个人和他的全家过着舒适的生活。比如欧拉一家人口鼎盛时足足有18个人，他依靠从科学院得到的钱，使这一大家人过着相对优渥的生活。这大概是18世纪院士生活中最诱人的地方——具备任何一点才能，都能保证衣食无忧，这就比当时的普通人优越很多了。

物质上的充足为欧拉写出大量数学文章提供了有力保障。那些付钱的统治者，除了想赚取好名声和建立良好的科学文化传统，自然还想从欧拉的科学研究中得到切实的回报。不过，统治者们一旦从科学家的身上得到了能够直接应用的实际成果，就不再对他们过度压榨。欧拉、拉格朗日和其他一些院士都能按照自己的意愿自由工作，统治者们不会施加任何明显的压力，他们似乎本能地觉察到，唯有给予科学家充分的自主和自由，那些所谓的"纯粹"研究才会衍生出许多可以应用于现实生活的东西。

巧合的是，欧拉那个时代数学研究的核心问题，正好与当时的实际问题一致，这个问题就是对海洋的控制。自16世纪欧洲海洋事业兴起，整个欧洲大陆都热衷于对海洋的征服，而想超越其他国家成为海洋的统治者，高超的航海技术必不可少。这就意味着航海家们要在距离海岸数百千米的大海中精确地确定位置，要比普通水手更快到达海战战场。正如英国获得海上霸主地位，很大程度上是依赖航海家们能够将天体力学中的纯数学研究应用到大海航行上。

众所周知，牛顿是现代航海的奠基者。虽然他本人从未上过任何一条船的甲板，也没有为航海的问题伤过脑筋，但是，海上的位置是靠观察天体来确定的。牛顿的万有引力为确定行星的位置和月相提供了有力依据，那些有志于统治海洋的野心家从此就可以让人埋头于航海天文年历，从而得到航行的位置图表。

这项工作与欧拉有直接关系。根据牛顿定律，有一个三体互相吸引的问题，即把月球、地球和太阳三个天体当作质点，研究月球在地球和太阳引力作用下的运动。欧拉就是为这个月球运动理论形成一个可计算解的第一人。关于这个问题，后面几章会有详细论述，在此便不展开说。但是，月球运动理论是整个数学领域中特别困难的问题之一。欧拉没有解决它，但是他的近似计算方法具有实际意义，一个英国的计算者用他的方法为英国海军部计算出了关于月相的图表。为此，这个计算者得到了 5000 英镑，欧拉则因为这个方法得到了 300 英镑的奖金。

不可避免的数学宿命

莱昂哈德·欧拉是保罗·欧拉和玛格丽特·布吕克的儿子，是瑞士最伟大的科学家。他于 1707 年 4 月 15 日出生在瑞士的巴塞尔，第二年父母带着他迁往雷恩附近的村子，他的父亲在那里成为加尔文教的牧师。保罗·欧拉曾经是雅科布·伯努利的学生，他本人就是一个颇有造诣的数学家。保罗为儿子做的人生规划就是接替他在乡村教堂的职位，然而在此之前，他将数学知识教授给了儿子。

12 岁的小欧拉闲来无事时，会帮父亲放羊。他一面放羊，一面读书。他读的书里就有不少数学书。父亲的羊渐渐增多了，达到了 100 只。原来的羊圈有点小了，父亲决定建造一个新的羊圈。他用尺量出了一块长方形的土地，长 40 米，宽 15 米。他一算，面积正好是 600 平方米，平均一头羊占 6 平方米。他发现他的材料只够围 100 米长的篱笆，若要围成长 40 米、宽 15 米的羊圈，其周长将是 110 米，即 15+15+40+40=110，父亲感到很为难。

小欧拉却说，不用缩小羊圈，他有办法。父亲不相信小欧拉会有办法，认为"世界上没有这样便宜的事情"。但是，小欧拉坚持说他一定能找到两全其美的办法。父亲终于同意让儿子试试看。

小欧拉见父亲同意了，站起身来，跑到准备动工的羊圈旁。他以一个木桩为中心，将原来的 40 米边长截短，缩短到 25 米。跑到另一条边上，将原来 15 米的边长延长了 10 米，变成了 25 米。经这样一改，原来计划中的羊圈变成了一个边长 25 米的正方形。父亲照着小欧拉设计的羊圈扎上了篱笆，100 米长的篱笆真的够了，不多不少，全部用光。面积也足够了，甚至还稍稍大了一些。

年轻的欧拉初步展露了他的数学才华，他清楚自己未来的道路是什么样子，但他还是恭敬地顺从了父亲，进入巴塞尔大学学习神学和希伯来语。然而，他在数学上取得的进步引起了约翰·伯努利的注意，约翰决定每周给这个年轻人单独上一次课。欧拉十分珍惜短暂的上课时间，他尽可能少地带着问题去见约翰，以便让约翰更多地给他讲授新的数学知识。为此，他把一周的业余时间都用在准备下一次课上。不久，丹尼尔·伯努利和尼古拉·伯努利也注意到了他的勤奋和突出的才能，他们成了欧拉的好朋友。

大学时期，欧拉可以随心所欲地学习自己喜欢的东西。1724 年，17 岁的欧拉取得了硕士学位，可他的父亲坚持要他放弃数学，把全部时间用在神学上，为继承自己的职位做好准备。好在伯努利家的人告诉保罗，他的儿子注定是一个伟大的数学家，而不是雷恩的牧师，他让步了。或许，那个帮助他围羊圈的少年触动了他，让他也觉得当一名牧师愧对儿子的天赋。

虽然伯努利对于欧拉的预言准确无误，但是，欧拉年少时的宗教教育影响了他的一生。他丝毫没有放弃对加尔文宗的信仰，上了年纪后，他兜了一个大圈子，又回到了父亲曾经对他的期望——他带领全家做家庭祈祷，通常在结束时会像牧师那般做一番讲道。

欧拉在19岁时独立完成了人生中第一项与数学相关的工作。他参加了1727年法兰西科学院主办的有奖征文，当年的问题是找出船上桅杆的最优放置方法。一等奖被有"舰船建造学之父"之誉的皮埃尔·布格获得，欧拉的论文只得到了荣誉提名。后来，他12次赢得这个奖项，弥补了这次缺憾。这次比赛暴露了欧拉在数学上的强项和弱点，他的特长在于对数学的分析，弱点则是缺乏对实际生活的接触。比如欧拉从未见过一艘大船，最多只在瑞士的湖上看到过一两只小船，却要去解决关于桅杆的问题。这当然跟瑞士薄弱的海军有关系，不过欧拉也因为对实际物质缺乏认知而受到过批评。对欧拉来说，物质世界只是数学的一种特殊情况，它本身几乎没有什么意义，要是这世界不符合他的分析，那就是世界出了毛病。

欧拉申请留校担任教授，虽然有约翰·伯努利的极力推荐，但他终究因资历尚浅而被学校拒绝。这并没有让欧拉受挫，他更加努力地学习。此时，丹尼尔·伯努利和尼古拉·伯努利已经在圣彼得堡大学当了教授，他们热心地提议要在圣彼得堡给欧拉谋得一个职位，这让欧拉振作起来，三人一直保持着友好的通信联系。

欧拉在他事业的这个阶段，对自己应该做什么似乎抱着一种无所谓的态度，只要是跟科学有关就行。所以，当丹尼尔来信告诉他，在圣彼得堡科学院的医学部有一个空位子时，欧拉便在巴塞尔一头扎进了生理学，还去听了医学讲座。即便如此，欧拉与数学也有着不可割舍的宿命，无论他做什么事情，即使在欣赏诗篇，他也要用自己的数学本能去分析一番。比如他十分喜爱古罗马大诗人维吉尔的史诗《埃涅阿斯纪》中的一句话："锚抛下了，前进的大船停下来了。"这句话看起来跟数学似乎没什么联系，欧拉却禁不住要对船体在这种状态下的运动做一番详细的计算。所以，研究医学同样不能让他割舍数学：耳朵的生理学激起了他对声音的传播的兴趣。他利用数学来描述和研究声波的运动，写下了一系列声学方面的重要论文。数学的基因仿佛刻在了欧拉的生命里，如同呼吸一般平常，让他早期的研究如同一棵茁壮的大树，盘根错节、枝繁叶茂地不断向四周蓬勃生长。

在圣彼得堡

伯努利家族的人说到做到，并且行动迅速。1727 年，欧拉收到了去圣彼得堡的邀请，名义上是作为科学院医学部的成员。这个科学院有一项有趣的规定，每一个外来成员需要带两个学生，这也是训练初学者的需要。然而，就在欧拉踏上俄国土地的那一天，开明的叶卡捷琳娜一世去世了。这意味着欧拉在俄国的学术研究可能不会太顺利。

叶卡捷琳娜一世是农民之女，因得宠于彼得大帝而继承帝位。她在很多方面都是开明的统治者，即位仅两年时间，就实现了彼得大帝建立科学院的愿望，并创立了枢密院。叶卡捷琳娜一世去世后，沙皇彼得二世尚且年幼，他本是彼得大帝的孙子，他的父亲因参与谋反被彼得投入狱中，并最终死在牢里，他便成了沙俄的唯一合法继承人。按照叶卡捷琳娜一世的遗嘱，小沙皇年满 16 岁才能执政，于是沙俄的军政大权落到了摄政大臣缅什科夫手中。

这样一个残暴又注重私利的政治小集团把科学院视作可有可无的奢侈品，并考虑取消它，遣返所有的外国成员。他们真正实施的措施是切断了科学院的资金来源，并不停地找那些外国科学家的麻烦。这就是欧拉到达圣彼得堡时的局面，他要担任的医学部职位没人管理，在绝望中，几乎就要接受一个海军上尉的职务了，好在他找到机会进了科学院的数学部，与丹尼尔待在了一起。

1730 年，彼得二世去世，沙俄内部忙于权力争斗，最终由安娜·伊万诺夫娜，也就是彼得大帝的侄女，继承了沙皇的位子。科学院的情况变好了，欧拉获得了物理学教授的职位，便安定下来专心工作。他沉浸在数学世界有 6 年之久，这也与沙俄政府不断对他们进行审查、监视，到处充斥着奸诈的告密者有关，欧拉不敢过正常的社交生活。

1733 年，丹尼尔·伯努利受够了圣彼得堡的种种审查和敌视，便返回了巴塞尔，欧拉接替丹尼尔成为数学部部长。这让他觉得自己大概这辈子都要留在圣彼得堡了，于是他决定结婚，在这里定居。1734 年 1 月 7 日，欧拉迎娶了科学院附属中学的美术教师柯黛琳娜·葛塞尔，她是彼得大帝从瑞士带回的画师乔治·葛塞尔的女儿。

可是，沙俄的政治形势正在变得更加恶劣。安娜无心政务，只想着寻欢作乐，国家军政大权全都交由她的情夫比隆处理，这让俄国遭受了一段历史上最血腥的恐怖统治。

欧拉想要逃离俄国，但是他和柯黛琳娜的孩子一个接一个地迅速到来，欧拉被家庭生计拴得紧紧的，只好继续埋首于工作。欧拉是能在任何地方、任何条件下工作的几个大数学家之一，他在俄国第一次居留期间养成的勤奋习惯也是他多产的原因。

欧拉非常喜欢孩子，他和妻子育有 13 个孩子，但只有 5 个活了下来，其余的都在幼年时期夭折了。欧拉常常怀抱着一个婴儿写作论文，稍大一点的孩子们在他周围嬉戏着，丝毫不会影响他的创作，他写作最困难的数学论文时的那种轻松自如真是令人难以置信。

关于他敏锐的才思，有许多传说流传至今。据说家人在喊他吃饭时，如果间隔半小时左右，那他就能草拟一篇数学文章。这似乎有些夸大其词，但欧拉的确创造了优雅的现代数学语言，使他的作品得到了更广泛的流传。今天我们常用的数学符号，像用 $\sum$ 表示求和，用 i 表示 $\sqrt{-1}$，用 f（x）作为函数的记号，用 sin、cos、tan 表示正弦、余弦和正切，甚至用 a、b、c 表示三角形的边，用 A、B、C 表示它们的对角，等等，都是欧拉首创的。

欧拉喜欢把刚写好的文章放在一大堆写成的文章上面，等着印刷工来取走。当科学院的学报需要材料时，印刷工就从这一堆文章的最上面拿走一摞。于是就出现了这样的情形：出版日期的先后经常与写作日期的先后相反。欧拉有一个习惯：为了阐明或扩展他已经做过的工作，他会多次回到同一个题目上来。这种习惯更加剧了这种古怪的情形，有时候关于某一个论题的一系列文章，出版顺序与写作顺序完全是颠倒的。

欧拉在圣彼得堡不声不响、专心致志地工作了 13 年，在这期间，他遭遇了人生中第一次大不幸。1735 年，巴黎大奖发布了一个关于天文学的问题——计算彗星轨道，几个著名的数学家要求给他们几个月的时间来解答这个问题，欧拉却用自己发明的方法，3 天就将问题解决了。但是过度疲劳导致欧拉生了一场大病，因此失去了右眼的视力。

曾一度有传言认为，欧拉失明跟他为了解决那个天文学问题，直接用双眼观察太阳有关。但现代考证已经表明，两者之间没有任何关系。

在欧拉留居俄国期间，纯数学并不是他的全部。他有一种天赋——能够把纯数学应用到相关领域中。欧拉为俄国学校编写了初等数学教科书；在科学院地理所担任职务期间，编制了俄国第一张全境地图；帮助改革了度量衡；设计了检验税率的有效方法……这些只是欧拉额外工作中的一部分，可不管做了多少，他总能出人意料地贡献出数学成果。

1736 年，欧拉关于力学的论著《力学或运动科学的分析解说》出版，发表的日期只差一年就是笛卡儿解析几何问世 100 周年。欧拉的论文对于力学就像笛卡儿的论著对于几何学，他用解析的方法将力学从假设论证的羁绊中解放了出来，为这门基础科学开启了新纪元。阿基米德有可能写出牛顿的《原理》，但是任何希腊人都不可能写出欧拉的力学。

同样在这一年，欧拉还开启了图论和拓扑学的大门，而启动的钥匙就是著名的哥尼斯堡七桥问题。18世纪，俄罗斯的加里宁格勒市在沙俄统治时期被称为哥尼斯堡。普雷格尔河穿城而过，将哥尼斯堡一分为二，除此之外，哥尼斯堡还包含两座岛屿，人们建了7座桥梁将被隔开的四块陆地连接在一起。

当时有一个著名的游戏谜题，就是在所有桥都只能走一遍的前提下，怎样才能把这片区域所有的桥都走遍？

解答这个谜题成为当地人热衷的一项消遣活动，还吸引了许多游客参加。许多人声称已经找到了这样一条路径，但当被要求按照规则再走一遍时，却没有人能够做到。

谜题兜兜转转来到欧拉手中，他在论文《哥尼斯堡的七座桥》中解释了原因，证明这样的步行方式并不存在，并在文中提出和解决了一笔画问题。哥尼斯堡七桥这类问题在数学上还没有人处理过。它显然不是代数问题，因为它不是研究数量的大小；它和平面几何也不相同，平面几何里的图形不是直线就是圆，讨论的是它们的角度大小和线段长短。可是在哥尼斯堡七桥问题里，桥的准确位置无关紧要，陆地的大小和形状也不用考虑。重要的是考虑一共有几块陆地、几座桥，以及它们的连接情况。根据这个特点，欧拉先把哥尼斯堡七桥画成一个线条图。在他的图形里，四块陆地变成了点，七座桥成了连接这些点的线。这样，问题就变成了：从图上某一点开始，中间任何一条线不得画两遍，铅笔不准离开纸，能不能把这张图一笔画出来？

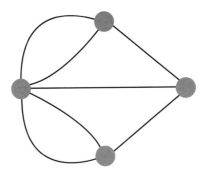

（哥尼斯堡七桥问题图示）

一旦用这种方式看待问题，它的特征就更清晰了。对图形进行观察后，应该会注意到以下情况：当通过一条边到达一个点时，那么除非它是行走的最后一个点，否则要再次离开它时，就得通过不同的边，因为这是游戏的规则。也就是说，任何不是起点和终点的点都需要有偶数条边从它那里出来：每进入一条线，就必须有一条边能离开。

为了使每条边都能准确穿过一次，那么最多只能有两个点有奇数个边出来。事实上，要么有两个奇数的点，要么根本没有。在前一种情况下，这两个点对应于步行的起点和终点，而在后一种情况下，起点和终点是同一点。然而，在哥尼斯堡问题中，四个点都有奇数条边，所以，在不重复的前提下穿过每座桥的步行是不可能的。

用现在图论的术语来说，哥尼斯堡七桥问题属于一笔画问题：如何判断这个图是不是一个能够一笔画完所有边而没有重复的图？如果存在这样的方法，该图则称为欧拉图。这时一笔画完的路径称作欧拉路径；如果路径闭合，则称为欧拉回路。

欧拉的这个结论标志着图论的诞生，即研究由线连接的点组成的网络。他还能够证明，如果一个图满足上述条件，图中奇顶点的数目等于 0 或者 2。

另外，这一结果也包含着拓扑学的思想，拓扑学只研究形状的连接性，而并不关注距离和角度。现在每张地铁地图都是拓扑学应用的很好的例子。通过改变距离和角度，它把本来难以理解的乱七八糟的地理信息变成了一张每个游客都能毫不费力地阅读的路线图。

在柏林

1740 年，安娜去世，俄国政治迫害有所减轻，但是欧拉已经厌倦了。时值腓特烈大帝请他做柏林科学院院士，欧拉欣然接受了邀请。普鲁士的皇太后很喜欢欧拉，试着逗引他谈话，可回应她的只是冷淡的"是"或者"不是"。

"为什么你不愿意跟我说话呢？"她问。

"夫人，"欧拉回答，"我是从那样一个国家来的，在那里要是你说话，你就会被吊死。"

在沙俄第一次居住的 13 年在他身上留下了深深的烙印，此后 24 年，他在柏林度过，但过得并不很愉快，因为腓特烈大帝不喜欢单纯安静的欧拉，他更愿意要一个拍马屁的朝臣。腓特烈具备身为统治者的自觉，所以他深知促进数学的发展是他的责任，可他厌恶这门学科，因为他自己的数学很蹩脚。好在他很欣赏欧拉卓越的数学才能，欧拉能帮他解决许多实际问题，比如造币、修水渠、开掘运河、制定年金制度，以及其他实际的应用。

与此同时，俄国也没有完全放弃欧拉，甚至他在柏林期间，也付给他部分薪俸。这样的结果就是欧拉即便需要负担一大家人的开支，也仍然是富有的。他除了在柏林拥有住宅外，还在夏洛滕堡拥有一个农场。1760年，俄国人进犯勃兰登堡边境期间，欧拉的农场遭到抢劫，但俄国将军声称他"不是对科学作战"，所以给予欧拉的赔偿远多于实际损失。当伊丽莎白女皇听说了欧拉的损失后，她除了丰厚地赔偿了他的损失，又加上了一笔数目可观的款项。

欧拉在腓特烈的朝廷里不受欢迎的原因之一是，他没有能力避开哲学问题的辩论，而他对哲学一无所知。其他朝臣总是喜欢在腓特烈面前用哲学问题戏弄欧拉，他好脾气地忍耐了这一切，甚至愿意审视自己所犯的错误。但是腓特烈对毫无辩论才能的欧拉感到生气，他要物色一个更老于世故的哲学家来领导他的科学院，取悦他的朝廷。

法国著名的物理学家、数学家和天文学家达朗贝尔应邀来到柏林，他发现了欧拉所处的尴尬局面。他和欧拉曾在数学上有过一些争论，不过达朗贝尔是一个公平有气度的人，他耿直地告诉腓特烈，把任何其他数学家置于欧拉之上都是一种不恰当的行为。他的话没能让腓特烈改变对欧拉的态度，反而火上浇油，腓特烈对欧拉比以前更加不满。统治者不友善的态度令欧拉难以忍受，他感到他的儿子在普鲁士也不会有什么太好的前途。1766年，叶卡捷琳娜二世对欧拉发出热情邀请，希望他能重返圣彼得堡，59 岁的欧拉欣然应邀，打点行装，返回俄国。

重返圣彼得堡

叶卡捷琳娜二世以皇室的规格接待了欧拉，拨给他一栋家具齐全的房子，并派她自己的一个厨子去为欧拉料理膳食。

正是在这个时期，欧拉受到白内障的困扰，开始失去他左眼的视力。他的视力不断恶化，拉格朗日、达朗贝尔和那时的其他著名数学家在与他的通信中表现出了担忧和同情。欧拉本人却对几近失明的状态处之泰然，这其中有一半的功劳要归于他强烈的宗教信仰。

欧拉早年受到的宗教的影响在此时显露无遗，他用宗教和数学帮叶卡捷琳娜二世狠狠反驳了法国的无神论哲学家德尼·狄德罗。事情是这样的，叶卡捷琳娜二世邀请狄德罗访问她的宫廷，狄德罗试图令朝臣们改信无神论，以此向女皇展示他的才学。叶卡捷琳娜二世烦透了他过于空谈的论调，于是命令欧拉驳倒狄德罗。狄德罗对数学一无所知，想要击败他对欧拉来说很容易。德·摩根在他的经典著作《悖论汇编》中叙述了事情的经过：狄德罗被告知，一个有学问的数学家用代数证明了上帝的存在，要是他想听的话，这位数学家将当着所有朝臣的面给出这个证明。狄德罗高兴地同意了⋯⋯欧拉朝狄德罗走去，用一种非常肯定的语调一本正经地说：

"先生，$\dfrac{a+b^n}{n}=x$，因此上帝存在；回答！"

这对狄德罗起作用了。他完全听不懂欧拉在说什么，困惑得不知所措，周围的人纵声大笑。狄德罗觉得自己受到了羞辱，他请求叶卡捷琳娜二世允许他立即返回法国。

总之，有了宗教的力量，欧拉对失明没那么焦虑。不过，他也没让自己"逆来顺受"。在完全失明之前，他努力弥补这个不可弥补的损失，让自己习惯了用粉笔把公式写在一块很大的石板上，然后他的儿子抄下来，他再口述一些对公式的说明。他的数学生产率没有降低，反而提高了。

失明没能重创欧拉，还有个很重要的原因——欧拉具有非凡的记忆力。他能背诵维吉尔的《埃涅阿斯纪》，这本叙述特洛伊失陷后王子埃涅阿斯的冒险事迹的著名史诗，足有12卷，12000行。欧拉却能够随时说出这本书上任何一页的任何一行诗句。

他还有惊人的心算本领，不仅能心算算术类型的问题，也能心算高等代数和微积分学中更困难的问题。他那个时代整个数学领域中的全部重要公式，都被精确地贮藏在他的记忆中。在此举个例子以证明他的心算本领：欧拉的两个学生把一个复杂的收敛级数的和计算到第17项，但两人在结果的第50位数上不一致。为了确定哪一个结果是对的，欧拉用心算做出了全部运算，并被证明答案是正确的，他还向出错的学生指出了错在哪一步，以及如何纠正错误。所有这些事例都说明，失明没有令欧拉停止为数学做贡献的脚步。

欧拉回到圣彼得堡5年后，另一个灾难降临到他的头上。1771年，圣彼得堡发生大火，欧拉的房子遭受牵连，被烧了个精光。又瞎又病的欧拉在仆人的帮助下得以逃生。科学院的图书馆也被烧了，幸亏奥尔洛夫伯爵出力，欧拉在图书馆里的全部手稿被抢救了出来。叶卡捷琳娜女皇马上补偿了全部损失，欧拉很快又开始了工作。

1776 年，69 岁的欧拉痛失爱妻。第二年，他娶了离世妻子同父异母的姊妹萨洛梅·阿比盖尔·葛塞尔。他在接受恢复左眼视力的手术时，取得了"成功"，可不久后伤口感染了，欧拉度过了很长一段痛苦期，接着又陷入了漫无边际的黑暗中。

不是终点的终止

回顾欧拉巨大的工作量，我们很容易在初看时认为任何有才能的人处于欧拉的时代、拥有他的机遇，都能完成跟他差不多的事。但是，认真审视一下今天数学的状况，就能知道我们掌握的各种数学方法、理论，拥有的如丛林般的著作，同欧拉当时所面对的复杂情形差不多。数学已经在召唤和渴望第二个欧拉，将庞杂的知识理清楚，然而这个人迟迟未曾出现。

欧拉将他那个时代中存在于数学的不完全结果和孤立的定理进行了系统化的整理，使之形成了广阔的领域。今天我们在大学数学课程中学习的许多东西，都是欧拉留下的。例如，从一般二次方程的统一观点，讨论在三维空间中的圆锥截面和二次曲面，就是欧拉分析整理出来的。还有年金问题及由它产生的保险、养老金等内容，也是由欧拉整理的，现在学习"投资的数学理论"

172

的学生们都熟悉其中的内容。

欧拉作为一名教师，亦是出类拔萃的。正如阿拉戈指出的，他成功的原因之一是他绝不妄自尊大。当年仅 19 岁的拉格朗日受到欧拉的方法的启迪，开始研究变分法时，欧拉立即给予他热情的鼓励。经过 4 年的努力，拉格朗日发现了解决这类问题的最佳方法，欧拉急忙压下自己即将刊印的相关著作，让拉格朗日的结果先发表。用欧拉的话说："这样就不会剥夺你所理应享有的全部光荣。"为了进一步帮助拉格朗日，他甚至在自己的著作出版时郑重声明，在拉格朗日提出这个方法以前，自己遇到了"不可克服的困难"。另外，欧拉也丝毫不怕降低自己的名声和威望，他编写出版了大量的初等数学教材，以便让更多人迈进数学世界的大门。正是这份胸襟与气度，令欧拉备受后世崇敬。

在创造力方面，欧拉把教学和发现结合在了一起。他在 1748 年、1755 年和 1768 至 1770 年写就了《无穷小分析引论》《微分学原理》《积分学原理》等微积分学的伟大论著。当牛顿和莱布尼茨发明微积分的时候，它还只是一门"原生态"的学科，是欧拉让微积分"长大成人"的。他在 18 世纪写的文章现在依然有很强的可读性，在此后近 100 年的时间里，这些文章不断地鼓舞着想成为大数学家的年轻人。

欧拉是一个全才型数学家，因为数学好，他也解决了很多其他领域的问题，物理、力学、天文学、航海、大地测量等到处都有欧拉的贡献。

除此之外，欧拉在柏林期间的一项工作表明，他也是一个文笔优雅的作家。他在给腓特烈大帝的侄女安哈尔特 – 德索公主当家庭教师时，讲授了关于力学、物理光学、天文学、声学等课程，随后他将这些内容写成了《致一位德国公主的信》。这些信极受欢迎，汇集成书后以 7 种文字广为流传。

欧拉直到临终的那一刻仍然神志清醒、思维敏捷。1783 年9 月 18 日，欧拉 77 岁，那天下午他正在石板上计算气球上升的规律，这是他日常消遣的一部分，随后他和莱克塞尔及家人一起吃晚饭。英国天文学家赫歇尔刚发现了天王星，欧拉简略叙述了对天王星轨道的计算。过了一会儿，他让人把孙子带进来，在与孩子玩喝茶游戏的时候，欧拉的烟斗忽然从他的手里掉了下来，他说了一句"我死了"，随后"欧拉终止了生命和计算"。

历史上能跟欧拉相比的人大概只有阿基米德、牛顿和高斯。他们有一个共同点：在创建纯粹理论的同时，还应用这些数学工具去解决大量的实际问题。他们将宇宙看作一个有机整体，力图揭示它的奥秘和内在规律。由于欧拉出色的工作，后世的著名数学家都极度推崇欧拉，被誉为"数学王子"的高斯曾说过："对欧拉工作的研究，将仍旧是对于数学的不同范围的最好的学校，并且没有别的可以替代它。"

9

拉格朗日
Joseph–Louis Lagrange

我不知道。

——J.–L. 拉格朗日

拉格朗日是 18 世纪最伟大、最谦虚的数学家。家族败落、破产将他推入了数学的怀抱。他在 19 岁时就设想出了一部巨著。在欧拉的助力下，拉格朗日问鼎数学高峰。他与达朗贝尔结下终身友谊，从都灵到巴黎，再到柏林，两人始终保持着密切的联系。拉格朗日是天体力学的奠基人之一，创立了分析力学，在方程论中树立了不朽的里程碑。不喜欢欧拉的腓特烈大帝却对拉格朗日宠爱有加，称他为"欧洲最伟大的数学家"。他在一段自认为"心不在焉的婚姻里"收获了珍贵的爱情。拉格朗日在中年时期得了神经衰弱和抑郁症，导致厌倦所有的事情，包括数学，一个年轻的女子重新唤醒了他对生命和事业的渴望，并一直陪伴他走到岁月尽头。

　　尽管收获了诸多殊荣，创造了许多令数学界震惊的奇迹，拉格朗日却对自己的工作并不满意，在给另一位老朋友拉普拉斯的信中，他这样写道："我把数学看作一件有意思的工作，而不是想为自己建立什么纪念碑。可以肯定地说，我对别人的工作比对自己的更喜欢。我对自己的工作总是不满意。"这并非拉格朗日故作谦虚，作为一位站在世界最前沿的科学家，他始终注视着未来，对他来说，自己已经跨越的障碍在跨过的时候便成了过往，只有面前一个又一个新的、更卓越的挑战才是真正的目标，这就是拉格朗日对自己的工作总是感到不满意的真正原因。正如他自己所说："一个人的贡献和他的自负严格地成反比，这似乎是品行上的一个公理。"

数学世界高耸的金字塔

"拉格朗日是数学世界高耸的金字塔。"这是拿破仑·波拿巴对 18 世纪最伟大、最谦虚的数学家约瑟夫 – 路易斯·拉格朗日的评价。拿破仑让拉格朗日当上了参议员、帝国伯爵，并授予他荣誉军团二级勋章。撒丁王国国王和腓特烈大帝对拉格朗日也不吝啬各种荣誉和奖赏。

拉格朗日身上混合着法国和意大利的血统。他的祖父是法国骑兵队队长，曾经在撒丁王国服役。祖父在都灵定居下来以后，与著名的孔蒂家族联姻。拉格朗日的父亲一度任撒丁王国的陆军部司库，他与坎比亚诺一个富有医生的独生女玛丽 – 泰雷斯·格罗斯结婚，并和她生了 11 个孩子。不幸的是，前 10 个孩子都幼年早夭。1736 年 1 月 25 日，他们的第 11 个孩子约瑟夫 – 路易斯出生了，他终于度过了容易得病的婴儿时期，没有重蹈其他兄弟姐妹的覆辙，茁壮健康地长大成人。

拉格朗日的父亲和母亲分别继承了家族遗产，让他得以在一个富足的家庭长大。不过，父亲喜欢经商，四处做投资生意，等到拉格朗日长大准备继承家产的时候，家中财产已经赔得所剩无几。家道中落在拉格朗日看来不算什么灾难，他将其视作一件最幸运的事："要是我继承了一笔财产，我也许就不会与数学共命运了。"因为拉格朗日是长子，父亲希望他能去学法律，成为一名律师。

拉格朗日上学后，最初对古典文学很感兴趣，他对数学的热爱多少有点偶然。古典文学的学习总是绕不开欧几里得和阿基米德的几何著作，最早接触这些几何篇章时，拉格朗日没有留下什么深刻的印象，直到他读到了牛顿的朋友哈雷所写的一篇文章。那篇文章称赞微积分学比古希腊人的综合几何方法更优越，年轻的拉格朗日被深深迷住了，从此以后，数学占据了他的全部身心。他在极短的时间里完全依靠自学掌握了当时的分析方法。16岁时，拉格朗日因为出众的数学能力成了都灵皇家炮兵学院的数学教授，开始了数学史上特别光辉的经历之一。

从拉格朗日对欧几里得的《几何原本》无感，就可以得出结论：他生来就是一个分析学者，而非几何学者。在他身上，我们看到了数学研究专门化最为突出的例子。

拉格朗日对分析学的偏爱强烈地体现在他的杰作《分析力学》中。这部杰作是他19岁时在都灵设想出来的，但是直到1788年他52岁时才在巴黎出版，他在前言中说："这本书中找不到图。"拉格朗日并非对几何一无所知，他用幽默的口吻阐述几何学的"神明"：力学科学可以被看成四维空间的几何——三个笛卡儿直角坐标和一个时间坐标，就足以确定一个运动的质点在空间和时间中的位置。事实证明，他的见地非常先进，1915年爱因斯坦将力学纳入他的广义相对论后，从四维空间几何的角度看待力学变得非常流行。

拉格朗日用分析解决力学问题，标志着与希腊传统的第一次彻底决裂。其实，牛顿那个时代的科学家们就发现，图形对研究力学问题很有帮助。拉格朗日则又向前迈进一步：在力学上采取分析的方法，可以实现更大的灵活性，赋予力学更大、更无法比拟的力量。

16岁的拉格朗日身上还透着孩子般的稚嫩，但他已经站在讲台上，给那些年纪比他大的学生上课了。随后他做的事情彻底证明了除了年龄偏小，他早就具备了成年人的果断和长远目光。通过教授数学，他选取学生中比较有能力的人，将他们组织起来，成立了一个研究学会，这个学会后来发展成为都灵科学院。

18岁时，拉格朗日用意大利语写了第一篇论文，是用牛顿二项式定理处理两函数乘积的高阶微商，他又将论文用拉丁语写了一份，寄给了在柏林科学院任职的欧拉。不久后，他获知这一成果早在半个世纪前就被莱布尼茨取得了。这个并不幸运的开端并未使拉格朗日灰心，相反，更坚定了他投身数学分析领域的信心。

1759年，拉格朗日23岁，科学院的第一卷论文集出版。人们通常认为，第一卷论文集中大部分优秀的数学论文都出自拉格朗日对其他人的指导，甚至得益于他亲自动笔指正。这里面有个令人信服的例子：撒丁王国国王提拔了一个名叫丰塞纳的人主管海军部，因为他有一篇数学文章写得非常出色，深得国王的心。但是，令史学家们感到奇怪的是，这个人在数学上取得的成就再也没能超越第一篇论文。而丰塞纳正是都灵科学院最早的一批学员，他那篇得到国王赏识的文章八成出自拉格朗日之手。

在那些卓有成绩的数学家眼中，数学不应该只是枯燥机械的计算。哈密顿就曾说过，数学应该是"一种科学的诗"，数学家的创作也应像诗人般从心中流淌出关于数学的优雅诗句。拉格朗日的第一篇论文中的"极大和极小的方法研究"，拉开了他研究变分法的序幕。1760年，他又发表了《关于确定不定积分式的极大极小的一种新方法》，这是用分析方法建立变分法的代表作。在此之前，只有欧拉利用几何和分析相结合的方法来求极值曲线取得了成功，但论证过于复杂，应用范围也受到了限制。尽管如此，这已经是变分法领域的一大进步。拉格朗日的论文则开创了一种新局面：用纯分析的方法来解决问题，以达到一种比较简便的、统一的目的。除此之外，他还要用变分法推出包括固体力学和流体力学在内的全部力学。拉格朗日在后来写给自己的好友、法国数学家达朗贝尔的信中提到，他19岁时构想的变分法是他的杰作。最终他利用变分法统一了力学，让数学真正成为"一种科学的诗"。

一旦理解了拉格朗日的方法，它几乎就是平淡无奇的。乍听起来似乎很奇怪，但仔细想一下就会明白：任何一个科学原理若普遍到能将整个巨大的现象世界统一起来，那么它必定是简单的。只有某个至简原理，才能统治那些看起来彼此孤立且各具特征、五花八门的复杂世界。

在都灵科学院的第一卷论文集中，拉格朗日还向前迈出了另外一大步：他把微分学应用到概率论。但这些对这个 23 岁的年轻巨人还不够，他又在声音的数学理论方面彻底超过了牛顿。他认为，在沿着直线逐点传递的冲击作用下，所有空气粒子的行为是沿直线运动的，从而把这一理论归纳在弹性力学系统下，而非之前的流体力学。在同一个大方向上，他还解决了一个数学家争吵了多年的问题：关于振动弦的数学公式的正确表示。这个问题在整个振动理论中极为重要。这些伟大的发现令拉格朗日在 23 岁时就被公认为能够与欧拉和伯努利们并驾齐驱的数学家。

拉格朗日能够年少成名，也与宽厚的欧拉密不可分。上一章已经简要介绍了欧拉在等周问题上给予拉格朗日的帮助——一个成名多年的数学大师不惜自降身份助力年轻的学者，这不仅仅是因为欧拉胸怀宽广，更是因为他对数学无比热爱，令他不计较任何个人得失，甘愿奉献自己拥有的一切。而在拉格朗日 23 岁时，欧拉又推选他为柏林科学院的外籍院士，使得拉格朗日在数学界的地位得以确定。外国对拉格朗日的正式承认，给他在国内以很大帮助。之后，欧拉和拉格朗日的好友达朗贝尔希望他能到柏林就职，成为一名宫廷数学家。欧拉抛开腓特烈大帝对自己的成见，举荐了拉格朗日，最终获得了成功。

终生好友——达朗贝尔

要了解拉格朗日的生平，达朗贝尔是必须谈及和介绍的重要人物，他是拉格朗日的忠实的朋友和慷慨的钦佩者，是法国数学家、哲学家。

让－勒隆德·达朗贝尔得名于紧靠巴黎圣母院的圣·让·勒隆德小教堂。1717年11月17日，他降生于巴黎，是一位名叫谢瓦利埃·德图什的军官的私生子。他刚出生没多久就被亲生母亲遗弃在圣·让·勒隆德教堂的台阶上。教区负责人把这个弃儿交给了一个贫穷的装玻璃工人的妻子，她把这孩子当作自己的孩子抚养。根据法律规定，他的生父谢瓦利埃必须出钱供养他，并让他接受教育。达朗贝尔的生母一直知道孩子的下落，当达朗贝尔开始显露出天才的迹象时，她派人去找儿子，希望能说服他回到自己身边。

"你只是我的继母。"达朗贝尔告诉她。这句话如果用英语说可谓一语双关，因为英语中的"继母"还有"不疼爱孩子的母亲"的意思。随后，达朗贝尔又补充了一句："装玻璃工人的妻子才是我真正的母亲。"他抛弃了自己的生母，就像他的生母曾经抛弃了幼小脆弱的他一样。

当达朗贝尔在法国科学界出了名，成了大人物时，他报答了装玻璃工人和他的妻子，使他们不至于生活困难，他总是很骄傲地说他们是他的双亲。

达朗贝尔是第一个对岁差问题给出完整解答的人，是18世纪少数几个把收敛级数和发散级数分开的数学家之一。他还提出了一种判别级数绝对收敛的方法——达朗贝尔判别法，即现在还使用的比值判别法；他同时是三角级数理论的奠基人；他也为偏微分方程的出现做出了巨大的贡献。1746年，他发表了论文

《张紧的弦振动时形成的曲线的研究》，首先提出了波动方程，并于 1750 年证明了它们的函数关系。1763 年，他进一步讨论了不均匀弦的振动，提出了广义的波动方程。另外，达朗贝尔在复数的性质、概率论等方面也有所研究，而且很早就证明了代数基本定理。

除了纯数学，达朗贝尔也对力学做了大量研究，他是 18 世纪为牛顿力学体系的建立做出卓越贡献的科学家之一。《动力学》是达朗贝尔最伟大的物理学著作。在这部书里，他提出了三大运动定律，第一运动定律是给出几何证明的惯性定律，第二定律是力的分析的平行四边形法则的数学证明，第三定律是用动量守恒来表示的平衡定律。书中还提出了达朗贝尔原理，它与牛顿第二定律相似，但它的发展在于可以把动力学问题转化为静力学问题处理，还可以用平面静力的方法分析刚体的平面运动。这一原理使一些力学问题的分析简单化，而且为分析力学的创立打下了基础。

所谓"物以类聚，人以群分"，自己是什么样的人，就会吸引什么样的朋友到身边，达朗贝尔和拉格朗日就是这样相互吸引、彼此靠拢的关系。两人之间的密切联系依靠通信维系，达朗贝尔经常在信中鼓励年轻谦虚的拉格朗日去解决困难而重要的问题。达朗贝尔自己身体不太好，便经常提醒拉格朗日要适当注意自己的健康。事实上，拉格朗日 16 岁到 26 岁期间在工作方面投入了大量精力，过度劳累已经影响了他的消化系统。达朗贝尔在一封信中，训斥这个年轻人用茶和咖啡提神；在另一封信中，让拉格朗日注意一本新出版的关于学者的疾病的书。然而，人在年轻时总是对自己的健康状况过度自信，拉格朗日自我感觉良好，他一边不在意地回复好友善意的提醒，一边像疯子一样狂热地工作。忠言逆耳，忽视达朗贝尔的话令他在以后的日子里迫使自己遵守严格的生活规律。

不过，达朗贝尔的叮嘱在他生命的最后时刻改换了样子。因为他的好友在中年时期犯了跟牛顿一样的毛病：他们的头脑仍然敏捷有力，但对数学的热情日渐衰退。拉格朗日在刚满40岁时便写信给达朗贝尔："我开始感到我的惰性在一点一点地增加，我怀疑从现在起我还能否再钻研10年数学。而且我觉得，这个矿井已经太深了，除非发现新矿脉，否则就不得不抛弃它了。"1783年9月，距离达朗贝尔去世还有一个月，达朗贝尔在给好友的回信中推翻了自己早年的忠告，劝告拉格朗日，工作是对他的心理疾病的唯一治疗："看在上帝的面上，不要放弃工作，工作对于你是一切消遣中最有效的消遣。再见吧，也许这是最后一次了。多少记住这个在世界上最爱护你、最尊敬你的人吧。"

青年负盛名

拉格朗日对数学的消极至少要在他到达柏林之后20年才会出现。现在，在达朗贝尔和欧拉的努力下，他就要历经辉煌。

拉格朗日在去柏林之前思考和解决的重要问题之一：月球的天平动问题。月球虽然总以同一个面对着地球，但是在地球上观测月面，会发现它有上下和左右的摆动，这就是所谓的天平动。它表明月球环绕着月心在做周期性的摆动。这是有名的"三体问题"的又一个例子。拉格朗日对天平动问题给予了圆满解答，并获得了1764年法兰西科学院的大奖。

接着，法兰西科学院又提出了一个更困难的问题：计算木星的卫星轨道。在拉格朗日的时代，人们只发现了木星有4颗卫星，因此木星体系就由太阳、它自身和4颗卫星构成了一个"六体问题"。即便是现在，也很难找到这类问题的精准解答。拉格朗日将近似的方法应用其中，在木星卫星运动的不均等方面取得了显著进展，并获得了1766年法兰西科学院的大奖。

天体力学是在牛顿发表万有引力定律时诞生的，很快成为天文学的主流。它的学科内容和基本理论是在18世纪后期建立的，主要奠基者为欧拉、A. -C. 克莱洛、达朗贝尔、拉格朗日和拉普拉斯。拉格朗日一生的研究工作中，约有一半同天体力学有关，他把力学作为数学分析的一个分支对待，而天体力学又是力学中的一个分支。即便如此，拉格朗日对天体力学也有不可磨灭的贡献。1772年，拉格朗日发表了论文《论三体问题》。一般情况下，三体问题得不到精准解，但是拉格朗日在这篇论文中给出了三体问题运动方程的三个特解，即拉格朗日平动解。其中一个解是：假如3个物体从一个等边三角形的3个顶点开始运动，那么它们就好像固定在这个三角形上，而这个三角形本身围绕着三物体的质量中心转动。在当时，这个特解的得出并没有实际例子，只是拉格朗日数学推导的结果。

令人意想不到的是，100多年后，拉格朗日的特解找到了实例。1907 年 2 月 22 日，德国海德堡天文台发现了一颗名为阿基里斯、编号 588 的小行星，它的位置正好与太阳和木星形成等边三角形。到 1970 年，已发现 15 颗这样的小行星，它们被冠以希腊神话特洛伊战争中将帅们的名字，分别形成了希腊人群和脱罗央群。此后又陆续发现了 40 多颗小行星位于这两个群内。1961 年，人们又在月球轨道前后发现与地月组成等边三角形解处聚集的流星物质，这是对拉格朗日特解的又一证明。拉格朗日由于三体问题的论文再次获得巴黎大奖。此后，他凭借关于月球和彗星摄动的理论也多次获得该奖项。

在拉格朗日取得这些卓越成就的最初阶段，撒丁王国国王负担起了他去巴黎和伦敦的旅费。按照计划，拉格朗日应该陪同撒丁王国驻英国公使卡拉乔利去英国。但是到达巴黎后，法国人用丰盛的意大利菜肴欢迎这位大数学家的到来。那些过于丰盛的食物对拉格朗日脆弱的肠胃系统不是什么好事，参加完宴会后他就立即生病了，并且病得非常厉害，不得不在巴黎停留。在这期间，他结识了巴黎知识界所有的知名人士，包括后来的好友马里神父。这场急病打消了拉格朗日住在巴黎的念头，身体刚能适应旅行，他就匆匆返回了都灵。

1766 年 11 月 6 日，腓特烈大帝向拉格朗日发出邀请，他希望"欧洲最伟大的数学家"能够为他这位"欧洲最伟大的国王"服务。拉格朗日应邀前往柏林，并接替了欧拉在柏林科学院数学部的职位。

拉格朗日在腓特烈的朝廷遇到了跟欧拉一样的状况——德国人不满外国人的职位比他们还高，所以，他们有意无意地用一种冷冰冰却又很礼貌的态度对待拉格朗日，这种态度本质上十分无礼。但是，拉格朗日毕竟不同于欧拉，他没有在高压政策的俄国一待就是十几年，性格也更加开朗，更重要的是，他具备知道何时该保持缄默、何时该智慧反驳的才能。在与朋友的通信中，在面对自己不喜欢的耶稣会会士时，在写给各类学会、协会的研究工作的正式报告里，他都表现得非常坦率。不过，在社交中，他注意自己的言行举止，避免冒犯到别人，哪怕在有正当理由的情况下，他也避免这点。在他的同事们习惯他的存在之前，他都不会轻易介入他们的事情。

欧拉的窘迫状况之一是总会冒失地从一个宗教的或哲学的争论闯进另一个争论。拉格朗日比他更会察言观色，且不会轻易加入争论。他在受到对手紧逼和施压时，总会诚恳地用"我不知道"开始他的回答。而当他坚信的东西受到攻击时，他知道怎样进行有力且合理的防御。欧拉对于他不知道的哲学问题往往会进行辩解，这会惹恼腓特烈。拉格朗日则选择与腓特烈共情。他写信给达朗贝尔说："我们的朋友欧拉是一个伟大的数学家，但却是一个很糟糕的哲学家。"

谈到欧拉时，拉格朗日说："这简直难以置信，他在形而上学方面竟会这样平庸幼稚。"谈到自己时，他又说："我对争论极其反感。"

而他在信中对哲理的探讨，通常会流露出一种学术著作中没有的讥诮语气。正如他所说："我总是注意到，人们对自己的估价与他们的价值恰恰成反比；这是伦理学的公理之一。"在宗教问题上，如果说拉格朗日还有什么信仰的话，那么他是个不可知论者。

与恭顺得过于明显和缺乏宫廷世故的欧拉相比，腓特烈跟拉格朗日的相处更加友好，他们甚至能一起讨论规律的生活对身体健康有哪些好处。所以，拉格朗日得奖令腓特烈十分高兴，腓特烈用散文和诗句抒发自己对达朗贝尔举荐的感谢之情："全靠你的费心和你的推荐，我得以在我的科学院里，用长着两只眼睛的数学家代替了一个丑陋的独眼数学家；这对于解剖学部是特别令人高兴的。"腓特烈用"一个丑陋的独眼数学家"称呼欧拉。但是，这位自诩伟大的统治者忘记了是欧拉挖掘并培养了拉格朗日，并且两人有着亦师亦友的深厚情谊。

数学家要学会计算他的幸福

拉格朗日在柏林安顿下来不久，就派人去都灵接来了一名年轻的女子，两人于 1767 年 3 月在柏林大教堂举行了婚礼。这名女子叫奥薇拉，是拉格朗日家一位远房亲戚的女儿。拉格朗日家破产后，他就借住在奥薇拉家里。年轻的奥薇拉被才华横溢的拉格朗日深深吸引，便时常邀请他一起上街买东西。奥薇拉出手阔绰，这让刚刚破产、倾向节俭的拉格朗日觉得非常不舒服，于是他提议由他亲自为奥薇拉选购缎带、鞋子等物品。当他将选好的礼物送给奥薇拉时，他才意识到自己对这个女子产生了特殊的情感。

达朗贝尔突闻婚讯，拉格朗日竟然没有向他透露结婚的任何信息，这让他非常惊讶，于是写信调侃好友："我明白你已经采取了我们哲学家所说的决定命运的断然行动……一个大数学家首先应该知道怎样计算他的幸福，所以我不怀疑，在完成了这个计算之后，你的解答是结婚。"

拉格朗日的回信似乎透着某种淡漠，要么是他把这件事看得极为认真，要么就是他以自己的玩笑来对付达朗贝尔。他写道："我不知道我是计算错了还是对了，或者说得更确切些，我根本不认为我曾经计算过；因为我本来可以像莱布尼茨那样做，他虽然不得不仔细考虑，可从来没有下过决心。我向你承认，我从来不喜欢结婚……但是环境决定我得找一个年轻的女亲戚照顾我和我的全部事务。如果说我忘记了通知你，那是因为在我看来，这整件事情本身就没有什么意思，不值得费事通知你。"

拉格朗日在信里把婚姻写得极为平淡，可是当他的妻子疾病缠身、卧床不起时，拉格朗日衣不解带地亲自照顾她，足以证明这桩婚姻对双方来说都是幸福且甜蜜的。拉格朗日到底有没有精确计算过他幸福的婚姻呢？也许有时候不计算才是最好的计算。

妻子去世后，拉格朗日悲恸欲绝，不得不在工作中寻求安慰："我的事情减少到只是在安静和沉默中从事数学工作。"尽管悲伤，拉格朗日仍旧让手中进行的所有工作都有一个圆满的结局，他把这个秘诀告诉了达朗贝尔："于我不是被迫的，我工作更多是为了消遣，而不是出于责任。我就像那些盖房子的大贵族，我盖了拆，拆了盖，直到我对自己的结果还算满意为止，而这是极少发生的。"

然而，失去了妻子的关心照顾，拉格朗日在工作时非常不注意身体健康，不按时吃饭、过度劳累终于引发了一次严重的疾病。他给达朗贝尔写信说："休息对我来说是不可能的。我有一个坏习惯，总要重写几次我的论文，直到我感到满意为止，这个习惯也使我不可能停下来休息。"

拉格朗日在柏林 20 年间，除了将精力投入天体力学和撰写著作，还涉及了费马的领域——算术研究。这些看起来简单的算术问题，其实充满了艰难，就连伟大的拉格朗日也得煞费苦心地去研究，才能得出相应的结果。1768 年 8 月 15 日，他写信给达朗贝尔："最近几天，我一直在用一些算术问题来使我的研究有点变化，我向你保证，我发现的困难比我预期的多得多。例如，这就是我费了很大力气才得出解答的一个问题。已知任一不是平方数的正整数 n，试求一个整数的平方 x^2，使 nx^2+1 也是一个平方数。这个问题在方幂理论中很重要，而方幂在丢番图分析中是主要的研究对象。另外，我这一次发现了一些美妙的算术定理，如果你想知道，我下次写信告诉你。"

拉格朗日论述的问题可以追溯到阿基米德和印度人的漫长历史中。拉格朗日使 nx^2+1 成为一个方幂的第一流论文，是数论中的一个里程碑，他也是首先证明了费马和约翰·威尔逊的一些定理的人。达朗贝尔在回信中说，他相信丢番图分析可以被用在积分学中，但是没有详细说明。令人惊奇的是，在 19 世纪 70 年代，俄国数学家 G.佐洛塔廖夫实现了这一预言。

拉普拉斯也有一段时间对算术感兴趣，他告诉拉格朗日，费马那些未证明的定理是存在的。这是法国数学界最大的光荣，但如果不能证明这些定理，那它就是最明显的污点，所以抹去这个污点是法国数学家的责任。但是他预见到了要碰到极大的困难，在他看来，麻烦的根源在于还没找到能够解决离散问题的一般工具，这样的工具就像微积分学之于连续问题。达朗贝尔也谈到了算术，说自己发现它"比初看上去要困难些"。像拉格朗日和他的朋友们这样的数学家都认为算术困难重重，那就意味着算术的确很难。

1769年2月28日，拉格朗日在信中记录了自己对算术研究的结果："我谈到过的问题让我花了比我预想的要多得多的时间；但是最后我很高兴地完成了，我相信我实际上已经完全解决了两个未知数的二元二次不定方程的问题。"需要说明的是，他过于乐观了。他说的问题最终是由高斯来解决的，可高斯的父母还有7年才会相遇、相恋和结婚。所以，1777年时，拉格朗日用一种悲观的语气总结了他的工作："算术研究是让我最费脑筋的，也许是最没有价值的研究。"

不过，拉格朗日对自己的工作评价一向非常准确。他在1777年写信给拉普拉斯说："我总是把数学看作消遣的对象，而不是野心的对象。我向你保证，我欣赏他人的工作更甚于我自己的工作，我总是不满意自己的工作。由此你就会看到，要是你由于你的成功而免除了嫉妒，我由于自己的性格也是如此。"

1782年9月15日，当拉格朗日的《分析力学》这部巨著即将完成时，他写信给拉普拉斯："我差不多已经完成了一部分析力学论，它完全以一篇附带论文的第一节中的原理和公式为基础写成；但是因为我不知道我什么时候或在什么地方能把它印出来，所以我不急于完成最后的润色。"

法国数学家勒让德承担了这部著作的编辑工作，由于经费限制，书稿迟迟未能出版。拉格朗日的老朋友马里神父费了很大力气，最后终于说服一个巴黎出版商来出版，可对方的附加条件是如果一定期限内印刷的图书不能全部售出，那就必须由马里神父自掏腰包买下存书。马里神父答应了这个苛刻的条件，可是《分析力学》直到1788年才得以出版。此时，拉格朗日已经离开柏林，当书送到他手上时，他对于科学和数学都处于一种淡漠的状态，哪怕《分析力学》出版了中译版，他也提不起丝毫兴趣。

对现代代数的贡献

在讲述拉格朗日准备放弃数学之前，让我们再回到正确的时间线上来。拉格朗日在柏林期间有一篇关于代数的重要论文——《关于数值方程的解》，附带关于方程代数可解性的一般问题讨论。这篇论文成于1767年，它在方程的理论和解答方面对现代代数的发展具有高度重要性。19世纪主要的代数学家们在面对困扰他们的难题时，总会重新阅读拉格朗日的著作，从中寻求灵感。

其实，拉格朗日并没有解决主要困难，即为一个已知方程的代数可解性确定充分必要条件。但他为找到答案提供了思想萌芽。

这个问题是整个代数中需要着重阐述的，而且在 19 世纪的大数学家们，包括柯西、阿贝尔、伽罗瓦、埃尔米特、克罗内克等人的工作中会多次出现，所以我们将拉格朗日的方法做一下简要介绍。

首先需要强调的是，解数字系数的方程不存在任何困难。可如果方程是高次的，比如说 $3x^{101}-17.3x^{70}+x-11=0$，那么工作量可能会非常大。但利用许多已知的简单方法，可求出这一数值方程的根，并且可达到任何指定的精确度。这样的方法有些是现在中学代数课程的一部分。

可是，在拉格朗日所处的时代，提出解数值方程达到指定精确度的统一方法的人简直是凤毛麟角。拉格朗日就提出了一个这样的解法，它在理论上符合要求，但却不实用。今天碰到数值方程的任何一个工程师，都不会想到去用拉格朗日的方法。

当我们寻找一个有着字母系数的、高于三次的方程的代数解，比如 $ax^2+bx+c=0$，或 $ax^3+bx^2+cx+d=0$，真正重要的问题就出现了。所要求的是用已知的 a、b、c……表达未知数 x 的一组公式，使得当把这些 x 的表达式中的任意一个代入方程的左边时，将化为零。对于一个 n 次方程，未知量 x 恰好有 n 个值。这样，对于上边的二次方程，就有两个值：

$$\frac{1}{2a}\left(-b+\sqrt{b^2-4ac}\right),\ \frac{1}{2a}\left(-b-\sqrt{b^2-4ac}\right)$$

用它们代替 x 就能使 ax^2+bx+c 化为零。在任何情形，所需要的 x 的值都只经过有限次的加、减、乘、除和开方就可以用

194

a、b、c……表示出来。这就是问题。它可解吗？可解的答案在拉格朗日死后约 20 年才得出，但其思路可以很容易地在拉格朗日的工作中找到。

作为通向一个广泛理论的第一步，拉格朗日详尽地研究了前辈数学家们对四次方以下的一般性方程给出的所有解答，并且成功地表明，得出那些解答的所有技巧都可以用一种统一的程序来代替，这个一般方法的一个细节就包含了所提到的思路。

假定我们有一个包括字母 a、b、c……的代数表达式，如果在它里面的字母以所有可能的方式进行交换，那么我们从中能够得出多少种不同的表示呢？例如，在 ab+cd 中交换 b 和 d，我们得到了 ad+cb。这个问题隐含着另一个与它密切相关的问题，也是拉格朗日正在寻找的部分线索。怎样交换字母可以保持给定的代数式的值不变呢？这样，交换 a 和 b，ab+cd 就变成了 ba+cd，由于 ab=ba，所以它们是一致的。有限群论就从这些问题中产生了，人们发现它是打开代数可解性问题的钥匙。类似的问题在以后的章节中还会出现。

在拉格朗日的研究中还出现了另一个重要事实。在解二、三、四次一般代数方程时，方程的解依赖另一个比所讨论的方程次数低的方程的解。此解法对于二、三、四次方程是很美妙而且统一的，但是当试图把同一方法用到五次方程，比如 $ax^5+bx^4+cx^3+dx^2+ex+f=0$ 时，预解方程不是低于五次，而是变成六次的了。这样，一个更难解的方程代替了已知的方程。对二次、三次、四次运用的方法对五次就不适用了，解答的道路被堵死了，除非有某种方法绕过棘手的六次方程。事实上，没有任何方法能够避开困难。

拉格朗日在这个问题上已经贡献了最大力量，剩下的只能交给时间和后世的数学家去解答。

法国大革命：唤醒消沉的拉格朗日

1786 年 8 月 17 日，腓特烈大帝去世了。国内早就弥漫的那股对非普鲁士人的憎恨和对科学的冷淡，飞速蔓延开来。在极度不友好的氛围下，拉格朗日和科学院中其他的外国同事一样，无法忍受继续在柏林待下去了，他请求辞职。科学院开出了离职条件：若干年内，拉格朗日必须继续把论文寄给科学院的学报发表。

为了能尽快摆脱普鲁士压抑的环境，拉格朗日欣然同意了这个条件。因为这时，法国国王路易十六向他发出了友好的邀请，诚邀他进驻法兰西科学院，并资助他继续开展数学研究工作。

1787 年，拉格朗日到达巴黎，受到了王室和科学院最尊敬的接待。卢浮宫给他安排了舒适的寓所，他在那里一直住到大革命爆发。王后玛丽·安托瓦内特比拉格朗日小 19 岁，但她似乎能够读懂这位大数学家的思想，于是把他当作最宠信的人，直到 6 年后玛丽被押到断头台上，被革命党处以极刑。

拉格朗日 51 岁时，感到自己的职业生涯走到了尽头。长期过度工作给他带来了严重的神经衰弱，这同样影响了他的心理健康。他在谈话中表现得温和有礼，从不急于争抢，寡言少语让他显得心不在焉，气质忧郁。在拉瓦锡举办的科学人士的聚会上，拉格朗日独自站在窗前，茫然地凝望窗外，他的背影对那些前来向他表示敬意的客人来说，就像一幅黯淡冷漠的画。他说他的热情消失了，对数学不再感兴趣了。如果有人告诉他，某个数学家在从事一项重要的研究，他会说："那就更好了。我开始了它，我没有必要完成它。"仿佛数学是一件离他非常遥远、与他毫不相关的事。印刷干净整齐、充满油墨气息的《分析力学》放在他的书桌上，足足两年没被打开，这与他当初激情百倍地书写这本书时的状态有天壤之别。

拉格朗日厌倦了与数学有关的一切。他的兴趣开始转移到玄学、人类思想发展史、宗教史、语言理论、医学、植物学等与数学毫不相关的事情上。但是，他深刻的洞察力有时仍让人大吃一惊。

那时，化学在拉瓦锡和其他科学家的努力下，正从炼金术中分离出来，迅速演变为一门科学。眼看着这门新学科如朝阳冉冉升起，对数学心如死灰的拉格朗日宣称：拉瓦锡已经把化学变得"像代数一样容易了"。他还预见到化学、物理学和其他科学将成为对天才们最具吸引力的领域。他甚至预言，数学在科学院和大学中的位置，不久就会跌落到像阿拉伯语那样普通的水平。

某种意义上，拉格朗日的预言是有道理的。如果后世没有高斯、阿贝尔、伽罗瓦、柯西等一代代数学新人给数学注入新的思想，数学将进入衰落期。

幸运的是，拉格朗日有生之年看到了高斯伟大事业的起始，他意识到自己的预言毫无道理。拉格朗日的低落情绪并没有持续到底。

1789 年 7 月 14 日，以攻占巴士底狱为标志的法国大革命打破了他的冷漠，重新激发了他对数学的兴趣。面对来势汹汹的革命浪潮，法国的贵族阶级和知识分子都感到恐惧，他们极力劝告拉格朗日返回柏林。拉格朗日拒绝了这个提议，他更愿意留下来，看看这场他们谁都未曾见过的革命到底会通往何处。

革命让拉格朗日失望了，他想离开，却为时已晚。这倒不是因为他的生命安全受到了威胁，作为半个外国人，他的安全是有保障的。当他看到曾经给予他帮助、信任他的玛丽被推上断头台时，他被这场轰轰烈烈、改变世界历史进程的大革命所表现出来的暴力惊吓到了。革命党人企图改变社会的庞大计划也使他恐惧，当他的好友拉瓦锡因税务欺诈和销售掺假烟草而获极刑时，他愤慨地表示："他们只要一刹那就可以使这颗头颅落地，而要产生和他同样的头脑或许 100 年也不够。"

拉格朗日的话有一定的道理。他的整个职业生涯都是在皇室的保护下度过的，但他是个善良的人，他同情在层层压迫和剥削下痛苦生活的底层人民，希望他们能够为争取体面的生活条件而斗争。可是，这场革命以流血的方式呈现在他面前时，他又觉得难以忍受。

拉格朗日同情普通民众的那部分让他得到了异常宽容的待遇，革命党颁布了一道特别法令，给他发放"生活津贴"。当通货膨胀把这些津贴贬到一文不值时，革命党又委派他在发明委员会和造币委员会供职，以弥补他用度的不足。

1795 年，巴黎师范学校得以创办，拉格朗日被任命为数学教授。师范学校第一次关闭后，又在 1797 年成立了巴黎综合理工大学，拉格朗日成为第一位教授，并规划了数学课程，这是他第一次当教师授课，而他的学生也都没什么数学基础，这反倒激起了拉格朗日的数学热情。他带领学生们从最基础的算术和代数，一路直达分析学，然后突破了教学大纲，为了能够继续授课，他开始和学生们一起发展新的数学。

在学习过程中，拉格朗日发现学生们很难掌握无穷小和无穷大的概念，而传统形式的微积分学中充满了这些概念。为了克服这些困难，拉格朗日试图不用莱布尼茨的"无穷小"和牛顿的极限特殊概念来阐述、教授微积分学。他将自己的理论发表在《解析函数论》和《函数的微积分学教程》这两部著作中。这两部作品对推动 19 世纪的数学发展具有重要意义。

拉格朗日在法国大革命时期最重大的贡献是主导了法国米制的建立和完善。1873 年，国际米制度量衡委员会在巴黎开会的时候，一致公认，米制是"法国革命的一项最伟大的科学事业"。

当时，以英国为首的欧洲各国大都采用十二进制的度量衡制，比如 12 英寸等于 1 英尺，金衡制 12 盎司等于 1 磅。这种制度和十进位的计算制并存，就好像要把一只六边形的塞子硬塞到一个五边形的孔里，给生产和科学技术带来极大不便。在拉格朗日的坚持下，委员会坚决主张以 10 代替 12 作为度量衡制的基础。米制委员会刚成立的时候，拉普拉斯和拉瓦锡都是委员会的成员。3 个月以后，他们遭到"清洗"，拉格朗日却一直担任主席。他感到迷惑不解："我不知道为什么留下我。"

他谦虚地没有察觉到自己深切关怀人民命运的可贵品质。这种品质不仅为他保留了座位，也保留了他的脑袋。

在幸福中溘然长逝

如果说法国大革命重新唤起了拉格朗日的学术生命，那么何蕾-弗朗索瓦-阿德莱德的出现则挽救了他形如枯木的现实生活。拉格朗日 56 岁时，遇见了他的朋友天文学家勒莫尼耶的女儿，这个比他小近 40 岁的少女被拉格朗日的不幸遭遇触动了，坚持与他结婚。

年轻的妻子不仅是忠实的，也是称职的，在她的鼓励下，拉格朗日开始倾诉深埋在心底的话，渐渐地，他对生活重新燃起了希望。他开始陪着妻子去参加以前从来都不愿意去的舞会，久而久之，哪怕妻子出去买东西，短暂地离开他的视线，他都无法忍受。可以说，拉格朗日在这段情感里也是十分幸福的。在他所取得的全部成功中，他最珍视的是找到了像妻子这样温柔和忠实的伴侣。

无论是法国王室，还是推翻王权的革命党，都给予了拉格朗日很多荣誉。

1796 年，法国吞并了意大利的皮埃蒙特，法国外交大臣塔列朗前去拜访拉格朗日住在都灵的父亲，并告诉他："你的儿子，由于他的天才，给全人类带来了荣誉，皮埃蒙特为产生了他感到骄傲，法国为拥有他感到骄傲。"拿破仑执掌法国大权时，经常与拉格朗日谈论近代的哲学问题和数学在现代国家中的作用，拉格朗日用柔和的谈吐、思虑周全的见解和从不固执己见的宽容赢得了拿破仑的尊敬。

拉格朗日在科学方面最后的成果，是为《分析力学》第二版做了修正和增补。那时他已年逾 70，但过去对数学澎湃的力量又回到了他身上。他恢复了以前的习惯，不停地工作，身体却日渐衰弱。不久，他开始出现昏厥症状，特别是在早上起床的时候。一天，妻子发现他躺在地上不省人事，摔倒时头磕在了桌子边上，伤得很厉害。在那之后，他放慢了速度，但仍继续工作。他的病很严重，却没有打乱他的安详。

拉格朗日去世的前两天，蒙日等朋友前去拜访他，希望能跟他谈论一些生平之事。拉格朗日看上去精神状况还不错，但他的记忆力大不如前，对以前的事记不得多少了。他对朋友们说："我感到我要死了，我的身体在一点一点地虚弱下去，我的智力和体力正在慢慢死亡，我注意到我的力气逐渐减弱的进程，我已接近死亡，既没有悲伤也没有遗憾，这只是非常温和的衰竭。噢，死亡并不可怕，当它没有痛苦地到来时，它只是人生最后一个经历。"

他相信生命力存在于身体所有的器官中，而他的情况正是机体所有的零件同时衰竭了。"再过一会儿，哪儿也不会有机能了，死亡无所不在；死亡只是躯体的完全安眠。"

"我在死亡中发现了一种愉悦。但是我的妻子不希望我死。在这样的时刻，我竟宁愿有一个不是这样好的、不是这样热切地想使我恢复活力的妻子，那样的妻子会让我平静地死去。我过完了我的一生，我在数学方面得到了一些名声。我从不恨任何人，我没做过什么坏事，这样死去会是很好的。"

他的愿望很快就实现了。朋友们离去不久，他昏了过去，再没有醒过来。1813 年 4 月 10 日凌晨，拉格朗日去世了，终年77 岁。